KB162892

경기 평택 | 2006

비탈에 세워 진입로가 급경사, 구름다리를 놓아 해결

크고 작은 나무들이 어울려 자라는 산비탈에
그 지역의 대장인 듯 똑바로 뻗은 나무를 의지해 지었다.
진입로 경사가 급해지는 걸 피하려고 구름다리를 놓았다.
앞쪽 테라스에서 수문장처럼 지키고 선 나무를 품에 안고
자연을 들이마시면 세상 부러울 것이 없어진다.

경남 합천 | 2017

황매산의 랜드마크

결대로 쪼갠 부정형의 나무를
너와지붕처럼 겹쳐 붙여 벽을
만들어서 시선을 잡아끈다.
두 동이 구름다리로 연결된 구조인데,
한 동은 개방형으로 만들어져서
자연을 즐기는 전망대로도 활용된다.

경기 용인 | 2015

숙박용 트리 하우스의 대표적인 사례

용인 자연 휴양림 안에 만든 숙박용 시설로 트리 하우스를 체험해 볼 수 있는 곳이다. 인기가 높아 사전 예약에 공을 들여야 한다. 방이 3개인 한 동과 원룸인 나머지 한 동이 소박한 구름다리로 연결되어 있다. 밤나무뿐만 아니라 바위 등 주변 자연의 모습을 최대한 살려서 터를 잡고 건물을 세웠다. 방 3개인 집은 규모가 큰 편이라서 숲 해설 교실의 수업을 진행하거나 참가자 오리엔테이션을 하는데 이용하기도 한다.

인천 옹진 | 2013

늦둥이 아들을 위해 놀이터를 결합한 집

늦둥이 아들을 위해 놀이터와 트리 하우스를 결합해 만들었다. 근처 바다가 보이는 곳에 터를 잡고, 밧줄 사다리를 매단 미끄럼틀과 그네를 만든 다음 그 위에 집을 올렸다. 지붕을 뚫고 나무가 자라게 만들어서 나무의 성장에 맞춰 지붕 방수 시설을 조절한다.

강원 양양 | 2011

마음이 차분해지는 공간이 되는 트리 하우스

지름 25cm 정도의 잣나무 여섯 그루를 주기둥으로 삼아 플랫폼을 만들었다.
약간 경사가 진 곳이라서 플랫폼과 지면 사이의 거리가 앞뒤에 차이가 있다.
지면에서 높이 올라가지 않은 뒤쪽에 출입구를 배치했다.
기독교 단체의 기도처로 쓰이는 곳이라 장식을 줄이고 자연미를 더한 것이 특징.
입구에 세운 고사목 향나무 기둥도 자연미를 더하는 데 일조한다.

경기 평택 | 2007, 2016

두 동을 이어 지어 두 가족이 함께 지낼 수 있는 주거형 트리 하우스

2007년에 만든 1층짜리 한 동 뒤에 2016년에 2층 한 동을 더 지어 이어지게 만들었다. 비교적 규모가 큰 편에 속하는 트리 하우스로 두 가족 정도가 생활하는 데 큰 불편이 없게 실내 시설을 갖추었다. 주변이 나무로 빽빽한 숲이라 나무가 지붕을 뚫고 자라게 했고, 지붕에도 나무 너와를 얹어 최대한 자연과 하나가 되도록 만들었다.

경기 광주 | 2006

정원을 빛내주는 휴식용 트리 하우스

평지는 보통 주거용 주택이 차지하고
트리 하우스는 주로 비탈에 만드는데,
이 트리 하우스는 평지인 정원 한쪽에
세워져 정원을 한껏 돋보이게 한다.

강원 홍천 | 2014

단독 지주형 트리 하우스의 대표 사례

개인이 운영하는 관람용 숲의 입구에 자리해
차 마시는 공간으로 활용되고 있다.
한 그루의 나무를 기둥 삼아 만든 것이 특징.
나무 줄기가 아주 든든한데다 방문객이 많아도
거뜬히 버틸 수 있는 구조로 만들었다.
외형은 1층 같지만, 내부는 2층으로 되어 있다.

경남 거창 | 2017

주택용으로도 가능하다

금원산 캠핑장 안 평지에 숙박 시설로 만들었다.
방 2개와 화장실, 주방, 다락방을 갖추고 있어
주택으로도 부족함이 없다. 현재는 캠핑장
이용객에게 빌려주는 시설로 활용하고 있다.

사진 제공: 트리하우스코리아

나무 위에 집 짓기

초판 1쇄 펴낸날 2018년 11월 12일

지은이	데이비드 스틸스, 지니 스틸스 (www.stilesdesigns.com)
옮긴이	서미화
감수	정지인
펴낸이	조은희
기획·편집	정보영
디자인	최성수, 이이환
마케팅	박영준
영업관리	김효순
제작	박지훈
펴낸곳	주식회사 한솔수북
출판등록	제2013-000276호
주소	03996 서울시 마포구 월드컵로 96 영훈빌딩 5층
전화	02-2001-5820(편집), 02-2001-5828(영업)
팩스	02-2060-0108
전자우편	isoobook@eduhansol.co.kr
블로그	3040school.blog.me

ISBN 979-11-7028-269-3 13540

이 도서의 국립중앙도서관 출판예정도서목록(CIP)은 서지정보유통지원시스템 홈페이지(http://seoji.nl.go.kr)와 국가자료공동목록시스템(http://www.nl.go.kr/kolisnet)에서 이용하실 수 있습니다. (CIP제어번호 : CIP2018034965)

© 2018 한솔수북
* 저작권법으로 보호받는 저작물이므로 저작권자의 서면 동의 없이 다른 곳에 옮겨 싣거나 베껴 쓸 수 없으며 전산장치에 저장할 수 없습니다.

* 한솔스쿨은 한솔수북의 교육, 실용 임프린트입니다.
* 값은 뒤표지에 있습니다.

한솔스쿨 새로운 인생을 준비하는 방법

TREE HOUSES YOU CAN ACTUALLY BUILD:
A WEEKEND PROJECT BOOK by Jeanie Trusty Stiles and David Stiles
Copyright © 1998 by David Stiles and Jeanie Trusty Stiles
Designs and Illustrations by David Stiles
All rights reserved.
This Korean edition was published by Hansol-soobook Co., Ltd. in 2018 by arrangement with Houghton Mifflin Harcourt Publishing Company through KCC(Korea Copyright Center Inc.), Seoul.

이 책은 (주)한국저작권센터(KCC)를 통한 저작권자와의 독점계약으로 한솔수북(주)에서 출간되었습니다.
저작권법에 의해 한국 내에서 보호를 받는 저작물이므로 무단전재와 복제를 금합니다.

TREE HOUSE

for my living 02

나무 위에 집 짓기

그림 설명을 따라 하면
누구나 쉽게 트리 하우스를
만들 수 있다

데이비드 스틸스 & 지니 스틸스 지음
서미화 옮김 | 정지인 감수

HANSOL SCHOOL

차례

트리 하우스가 새로운 삶을 선물합니다

트리 하우스가 단지 아이들만을 위한 공간이라고 생각한다면 다시 생각해보길 바란다. 왜냐하면, 트리 하우스는 아이뿐 아니라 어른에게도 가족들이 주는 부담과 사회에서 받는 스트레스에서 벗어나 사람의 접근이 불가능하고 전화 연결도 되지 않는 완벽한 은신처를 제공해주기 때문이다. 이 때문에 주말 휴양지로 트리 하우스를 짓는 성인이 늘어나는 추세다. 트리 하우스를 짓기 전에 트리 하우스를 빌려서 일주일간 지내보는 것도 좋다. 캠핑보다 조금 더 호화로운 트리 하우스에서 휴가를 보낸다면 삶을 바라보는 새로운 시야가 열릴 수도 있고 직접 트리 하우스를 짓고 싶은 마음이 생길 수도 있다.

과거의 트리 하우스는 여러 가지 기능을 수행했다. 서뉴기니의 피그미족은 카임이라고 불리는 트리 하우스에서 살았는데, 거대한 반얀 나무 위 18m 정도의 높이에 폭 6m 길이 12m정도 크기의 트리 하우스를 짓기도 했다. 피그미족 사람들은 나무껍질을 붙여서 트리 하우스의 벽을 세웠고 짚을 엮어서 지붕을 만들었으며 긴 나뭇가지로 만든 폭 90cm 정도의 정글 사다리를 이용해서 트리 하우스를 오르내렸다. 나무 위에서 생활해야 더위를 피하고 말라리아모기에 물리지 않을 수 있었다.

트리 하우스는 사냥하기에도 최적의 장소였다. 그리고 씨족 간 전쟁이 일어났을 때 남자들이 싸우는 동안 여자와 어린이, 노인은 나무 위 트리 하우스 안에서 안전하게 머물 수 있었다. 오늘날의 트리 하우스는 과거보다 세련되어졌지만 여전히 안식처로서의 역할을 수행하고 있다. 현재 우리는 고도로 발달한 복잡한 세계에 살고 있기 때문에 그 어느 때보다 일상의 스트레스에서 벗어날 수 있는 피난처가 필요하다. 트리 하우스는 글을 읽고 쓰며 그림을 그리고 명상할 수 있는 사적인 공간이 될 수도 있고 차를 마시며 담소를 나누는 사회적 공간이 될 수도 있다.

만약 당신의 땅에 집을 지으려는데 어떻게 지어야 할지 고민 중이거나 건축 자금 대출을 기다리는 상황이라면 우선 트리 하우스에서 며칠간 지내보라. 트리 하우스에 머물면서 일출과 일몰을 감상하고 자연의 소리에 귀 기울이며 자연이 선물한 아름다운 풍경을 바라보라. 그러면 비싼 집을 지을 필요가 없다고 생각이 바뀔지도 모른다.

미국 아이들에게 트리 하우스는 떼려야 뗄 수 없는 그들 삶의 한 부분이다. 트리 하우스를 짓는 동안

MAIL

아이들은 가족, 친구들과 함께 일하는 방법과 도구 사용법을 배우고 더 나아가 건물 관리 기술을 익히기도 한다. 무엇보다 일상생활에서 받는 스트레스와 어른들 틈에서 벗어나 그들만의 독립적인 장소를 가질 수 있다는 점이 아이들에게는 굉장히 중요한 부분이다.
트리 하우스는 어린아이에게는 꿈을 실현하는 장소이고 10대에게는 사생활을 보호하고 자신만의 시간을 보낼 수 있는 곳이며 성인에게는 창의력을 표현하고 목공 기술을 연마할 수 있는 공간이다.

책에 설명과 함께 넣은 그림은 트리 하우스를 이해하기 쉽도록 의도적으로 단순하게 그렸다. 기본적인 건축 기술은 큰 건물을 지을 때 사용하는 방법과 같다. 나무마다 크기와 모양이 다 다르기 때문에 책에는 정확한 치수를 적을 수 없었지만, 책에 나온 그림을 보면 당신만의 특별한 트리 하우스를 짓는데 필요한 다양한 건축 방식에 대한 좋은 아이디어를 얻을 수 있을 것이다.
이 책에 소개한 트리 하우스 디자인은 개인의 취향과 상황에 따라 변경하고 추가할 수 있다. 그러나 완성도 높은 트리 하우스를 짓고 싶다면 트리 하우스 내부가 너무 좁거나 꽉 막혀있지 않게 바람이 잘 통하도록 확 트인 형태로 지어야 한다.

트리 하우스는 모두에게 활짝 열린 공간으로 트리 하우스에 오는 사람을 모두 반갑게 맞는 게 좋다. 트리 하우스를 항상 자물쇠로 잠가둘 필요는 없다. 아이들은 자물쇠로 잠겨 있는 트리 하우스를 발견하면 장난기가 발동해서 어떻게든 자물쇠를 열어 보려고 죽기 살기로 달려든다. 그러다 진짜로 자물쇠를 열어 버리기도 한다. 아이들이 놀면서 트리 하우스 문을 잠가 버리면 아이들이 잘 노는지 확인할 수 없기 때문에 안전상의 이유로도 자물쇠 설치가 항상 바람직한 것은 아니다.
유리가 깨지면 위험할 수 있기 때문에 트리 하우스에는 유리 창문을 설치하지 않는다.
창문이 필요한 경우라면 건축 자재 판매점에서 구매할 수 있는 단단하고 잘 깨지지 않는 투명 렉산 플라스틱이나 플렉시 유리로 창문을 만든다.
플랫폼(바닥 판)으로만 만든 매우 단순한 디자인의 트리 하우스, 주운 물건들로 만든 트리 하우스, 단열재와 창문, 나선형 계단이 있는 정교하고 값비싼 트리 하우스 등 다양한 트리 하우스가 있다.
디자인은 다르지만 모든 트리 하우스는 흥미롭고 독창적이며 안전하다.

1

트리 하우스 건축에 필요한 기초 지식

트리 하우스 터 고르기

집 뒤뜰에 트리 하우스를 지을 생각이라면 반드시 이웃 주민을 고려해야 한다. 대략적으로 트리 하우스의 도면을 스케치한 뒤 그것을 이웃에게 보여주고 동의를 구한다. 이웃에게 트리 하우스를 지을 나무를 알려주고 조언을 구하는 것도 좋다. 하지만 그 조언을 무조건 따를 필요는 없다.
트리 하우스를 어떻게 지을지는 짓는 사람 마음이지만 기분 좋게 건축을 시작해 놓고 끝마치지 못해 짓다 만 트리 하우스가 덩그러니 남아 보기 흉하다면 이웃 주민들의 원성이 자자할 것이다. 따라서 이런 모든 문제를 고려할 때 되도록 눈에 띄지 않는 곳에 트리 하우스를 짓는 것이 좋다.
트리 하우스 터로 공터를 눈여겨보고 있다면 공터 주인을 수소문하여 공사를 시작하기 전에 주인에게 허락을 받아야 한다. 이 과정을 거치지 않고 건축을 시작했는데 만약 주인이 건축을 반대한다면 당신의 노력은 헛수고가 되고 말 것이다.
만약 눈에 잘 띄지 않는 곳에 트리 하우스를 건축했다면 아마도 당신은 숲이 우거진 지역에 거주하거나 그 지역을 잘 알고 있어서 아무도 그곳을 신경 쓰지 않고 알지도 못할 거로 생각했을 가능성이 높다. 하지만 산림 지역도 정부나 시의 소유이거나 개인 사유지이기 때문에 건축 전 토지 소유자에게 반드시 알려야 한다. 땅 주인을 찾아서 트리 하우스를 건축하기 전에 허락을 받아야 한다.

자재 구하는 방법

트리 하우스 터 선정 다음으로 중요하게 생각해야 할 부분은 트리 하우스 건축 시 사용할 자재를 선택하는 일이다. 가장 경제적인 건축 자재는 숲에서 주울 수 있는 통나무나 나뭇가지 등의 죽은 나무다. 나무를 주운 뒤에는 나무속이 썩었거나 벌레가 득실거리지는 않는지 꼭 확인한다.
통나무로 만든 트리 하우스는 무척 근사하지만 큰 땅을 소유하지 않는 이상 숲에서 길게 쭉 뻗은 죽은 통나무를 구하기란 쉽지 않다.
또 다른 건축 자재는 폐목재와 폐지붕 자재 및 방수지다. 모두 주택 신축 현장에서 구할 수 있으며 일부 건축업자들은 공짜로 주기도 한다. 건축업자는 막대한 비용을 들여가며 건축 폐자재를 처리해야 하므로 망설이지 말고 건축업자에게 버리는 건축 자재가 있으면 달라고 요청한다.
또는 이웃에게 헐고 싶은 창고나 별채가 있는지 확인해 보는 것도 좋다. 목재를 얻는 대가로 당신이 건물을 헐어주겠다고 제안할 수도 있다.
버려야 할 상당량의 폐목재를 보유하고 있는 목재 하치장도 있으니 그곳에도 문의해 보라. 자재를 구매해야 한다면 목재 하치장에 발판으로 쓰기에 적합한 저급 목재가 있는지 알아본다. 색이 바랜 목재나 오래된 목재가 이따금 저렴한 가격에 판매되기도 하는데, 이 목재는 트리 하우스 건축에 꽤 유용하다. 어떤 종류의 나무를 사용하든 나무 어느 한 부분에 옹이가 많지는 않은지 확인해야 한다. 옹이가 나무를 매우 약하게 만들기 때문이다.
트리 하우스에 페인트칠할지는 트리 하우스를 짓는 사람 마음이다. 트리 하우스 건축가들 대부분은 트리 하우스가 나무 일부처럼 보이도록 그냥 내버려 두지만 어떤 이들은 그들의 집과 같은 색이나 숲과 어울리는 짙은 황록색으로 트리 하우스를 칠하기도 한다. 페인트칠 여부는 취향에 따라 결정하자.

나무에 대한 이해

어떤 나무든 줄기의 지름이 최소 15~20cm 정도 되고 건강하다면 트리 하우스를 짓는 데 충분하다. 남부 로지풀 소나무처럼 키가 크고 곧은 나무는 3~4개의 다리 기둥이 필요한 트리 하우스 건축에 알맞고 너도밤나무나 반얀 나무처럼 제멋대로 넓게 뻗은 나무는 나무 한 그루 위에 짓는 트리 하우스 건축에 더 적합하다.
살아있는 나무는 심재(죽은 세포)와 변재, 방사조직, 형성층 및 나무껍질로 이루어져 있다. 변재 세포와 형성층 세포는 나무에 영양분과 물을 공급하고 전달한다.

나무의 성장

나무는 둘레와 키가 크면서 성장한다. 봄이 되면 수액이 나무의 바깥층 즉, 나무껍질 바로 안쪽을 따라 흐르면서 나뭇가지 끝과 잎으로 영양분을 공급한다. 겨울이 다가오면 이 과정은 잠시 중단되었다가 다음 봄에 다시 시작된다.

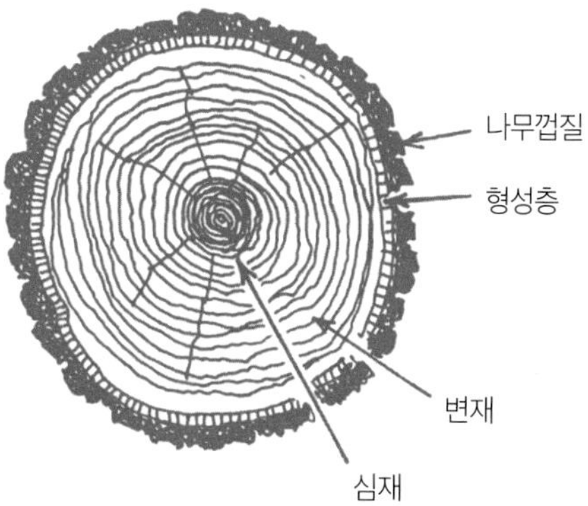

나뭇가지 절단

나뭇가지를 잘라야 한다면 줄기와 가지가 만나는 지점을 주의 깊게 살펴봐야 한다. 그러면 가지밑살 또는 지륭이라고 불리는 약간 부풀어 오른 부분을 확인할 수 있을 것이다. 가지를 절단할 때는 이 부분을 잘라야 한다.

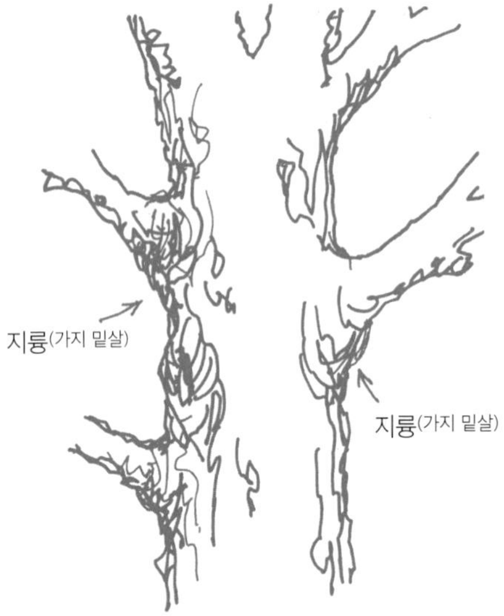

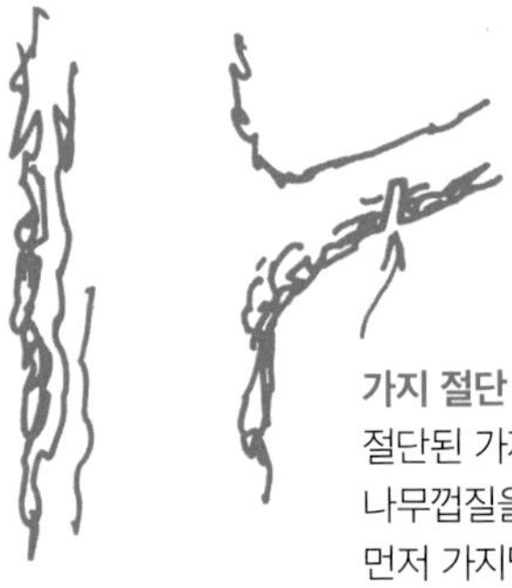

가지 절단 1단계
절단된 가지가 떨어지면서 나무껍질을 벗기지 않도록 먼저 가지밑살에서 8~10cm 정도 떨어진 가지 아랫부분을 반쯤 자른다.

가지 절단 2단계
반쯤 잘린 가지 아랫부분 바로 위를 가지가 떨어질 때까지 완전히 자른다. 가지를 자르기 전에 아래에 사람이 있는지 반드시 확인한다.

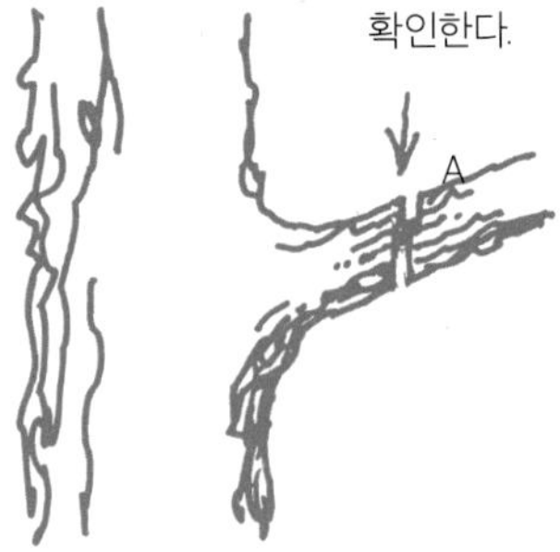

가지 절단 3단계
가지밑살이 끝나는 바깥 부분을 기준으로 남아있는 가지를 잘라낸다.

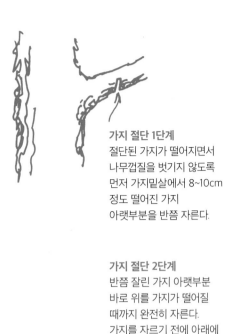

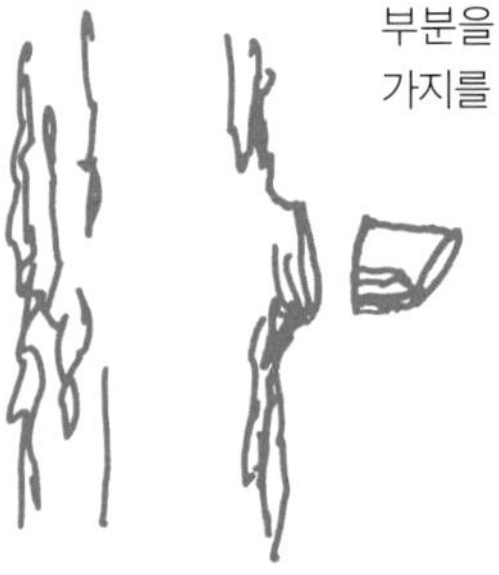

나무의 치유 과정

가지 절단면 부위가 공기에 노출되면 보호용 캘러스(callus, 유상조직)가 더 빨리 형성되기 때문에 상처 부위에 타르 또는 방부제를 바르지 않는 것이 좋다. 나무의 자가 치유 기능이 활성화되기 때문이다. 나뭇가지를 절단한 부위에서 액체가 흘러나오는 것을 볼 수 있는데 이는 매우 자연스러운 현상이다. 사람 피부에 상처가 난 뒤 생기는 딱지와 비슷하게 나뭇가지도 절단된 부위가 아물면서 계속 성장한다. 선택의 여지가 있다면 가지치기는 나무가 휴면 상태에 들어가는 여름이나 겨울에 하는 것이 좋다. 이때는 나무의 수액이 흐르지 않기 때문이다.

나뭇가지 절단 작업 시 안전 수칙

자르려는 가지
아래쪽에 있지
않는다.

자르려는 가지에
사다리를 기대놓지
않는다.

가지를 절단할 때는
나무 뒤쪽에서 절단할 가지보다
위에 자리를 잡고 있어야 한다.

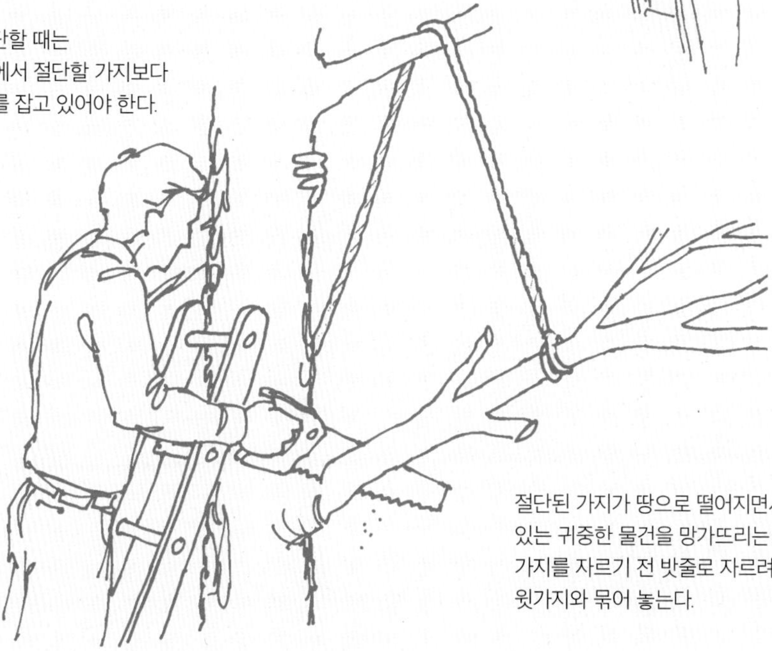

절단된 가지가 땅으로 떨어지면서 아래에
있는 귀중한 물건을 망가뜨리는 일이 없도록
가지를 자르기 전 밧줄로 자르려는 가지를
윗가지와 묶어 놓는다.

나무의 상처

인간처럼 나무도 삶을 포기하거나 죽기 전까지 많은 고난을 겪는다. 나무에 못이나 래그 나사못을 박는 일이 유익하지는 않지만 그렇다고 나무를 죽이는 행위도 아니다. 나무는 번개, 곰팡이, 벌레, 기생충 때문에 또는 물이 부족하거나 뿌리가 잘려서 죽을 확률이 더 높다. 나무 보호도 중요하지만, 이 책의 목적은 안전한 트리 하우스를 짓는 데 있다. 따라서 튼튼하고 안전한 트리 하우스를 짓기 위해 나무에 필요한 만큼의 나사와 못을 박는다 해도 크게 걱정하지 않아도 된다.
집 마당에 트리 하우스를 짓기에 적합한 나무는 없지만 운 좋게 나무가 울창한 숲 근처에 살고 있다면 임시방편으로 죽은 나무를 구해서 트리 하우스를 지탱하는 기둥으로 사용할 수 있다. 나무는 썩지 않고 튼튼하기만 하면 된다. 통나무 밑동이 썩지 않도록 밑동을 목재 방부제에 밤새 담가 둔다. 그리고 나서 이 책 58~59쪽에 나오는 '기둥' 편을 참고한다.

자전거 두 대를 이용해
밑동을 지탱하며 통나무를
운반한다.

통나무를 들어 올릴 때는
밧줄과 도르래를 사용한다.

나무에 무엇을 박든 시간이 지나면 그 부위도 계속 성장한다. 한 예로 몇 년 전 그네를 만들기 위해 가지가 갈라져 나온 곳에 2×4 목재로 들보를 설치했는데 현재 들보를 둘러싸고 나무가 약 15cm 정도 자라서 들보가 나무에 완전히 박혀 단단히 고정되어 있다.

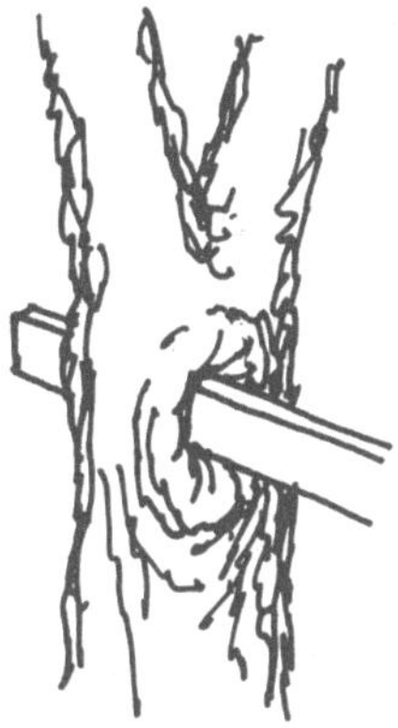

첫해

나무에 목재를 박아 놓은 지점에서 땅까지의 거리는 변하지 않고 나무 윗부분만 계속 성장해 나간다. 나무의 지름을 매년 약 6mm씩 증가한다.

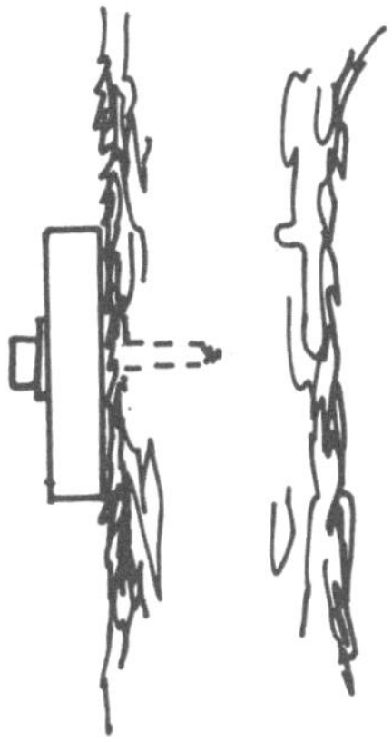

3년 후

어떤 목수도 접합 부분을 이렇게 튼튼하게 시공할 수 없을 것이다.

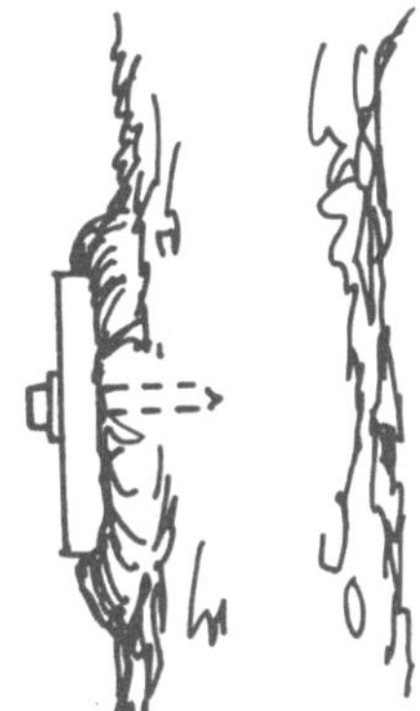

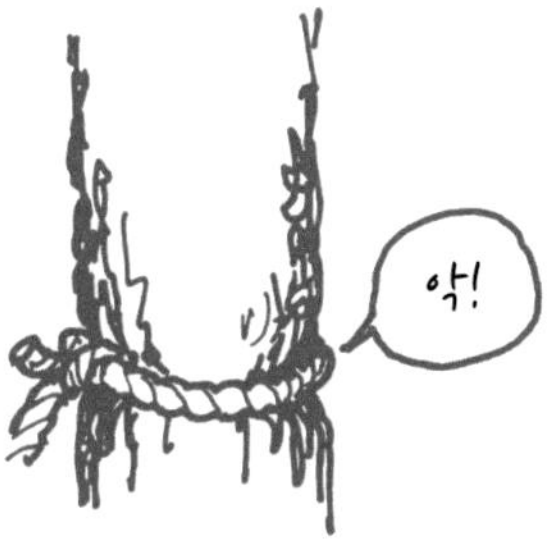

나무를 밧줄이나 철사로 단단히 묶으면 안 된다. 몇 년 안에 밧줄이 나무의 생명을 빼앗아 버릴 것이다.

나무껍질을 돌려 벗겨내는 환상박피는 하지 않는다. 나무가 죽을 수도 있다.

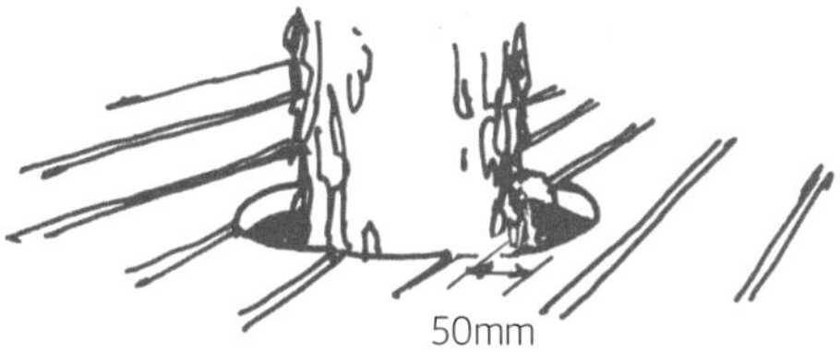

나무는 줄기가 굵어지면서 성장하기 때문에 나무와 바닥재 사이에 최소 50mm 정도의 공간을 남겨 두어야 한다.

나무에 잘 올라가는 방법

암벽 등반처럼 나무 오르기도 그 자체로 운동이 된다. 나무를 오르려면 민첩성과 독창성, 자신감이 필요하다. 나무마다 오르는 방법이 다르기 때문에 '나무는 이렇게 올라야 한다'라고 정확하게 설명하기는 어렵지만 아래 다섯 가지 팁을 숙지한다면 나무를 오를 때 큰 도움이 될 것이다.

1 팔다리가 나무껍질에 쓸리거나 긁히지 않도록 낡은 긴 바지와 긴 소매 셔츠를 입는다.
2 가지를 밟고 올라갈 때마다 가지가 자신의 체중을 완전히 지탱할 수 있는지 매번 테스트한다.
3 가지에서 가지로 이동할 때마다 한쪽 팔이나 다리는 반드시 나무를 붙잡거나 딛고 있어야 한다.
4 물건을 손에 들고 나무에 오르지 않는다. 물건을 들고 나무에 오르게 되면 양손을 다 사용할 수 없기 때문이다. 물건은 밧줄을 사용하여 나무 위로 들어 올린다.
5 안전이 우선이다! 나무를 오를 때는 나무를 오르는 일에만 정신을 집중해야 한다. 아래를 내려다보는 행위나 떨어질 것 같다는 생각은 금물이다. 이런 행위는 나무를 오를 때 방해만 될 뿐이다.

나무가 흔들릴 경우를 대비한 접합 방법

나무는 바람에 흔들린다. 키가 크고 얇은 나무일수록 더 그렇다. 바람이 많이 부는 지역이나 쉽게 흔들리고 휘는 나무에 트리 하우스를 짓는다면 플렉시블 접합flexible joint을 활용하는 것이 좋다. (55쪽 참고)

나무 두 그루에 들보를 고정하면 들보의 한쪽 끝은 한 나무에 영구적으로 고정하고 들보의 다른 한쪽 끝은 다른 한 나무에 느슨하게 고정해 두 나무가 바람에 서로 영향을 받지 않게 한다.

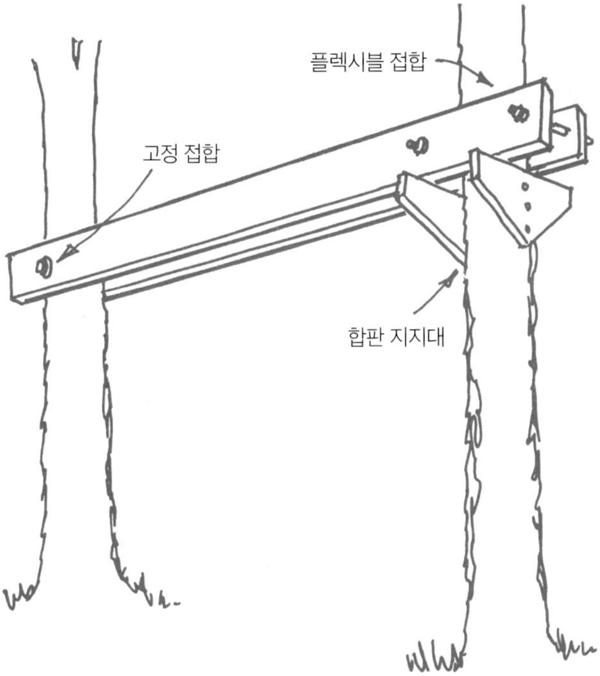

합판으로 만든 삼각형 지지대 위에 들보를 올려놓고 지름 13mm 나사 봉 두 개로 느슨하게 고정한다. 나무의 성장에 맞춰 매년 나사 봉을 조금씩 풀어 느슨한 상태를 유지한다.

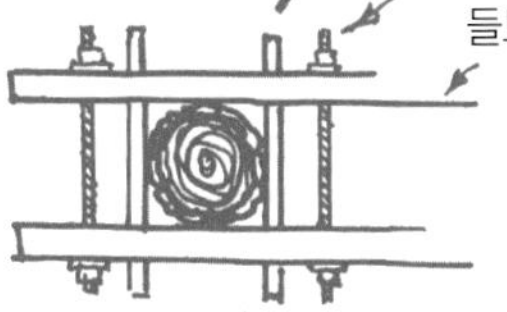

위에서 본 모습

플렉시블 로프 접합

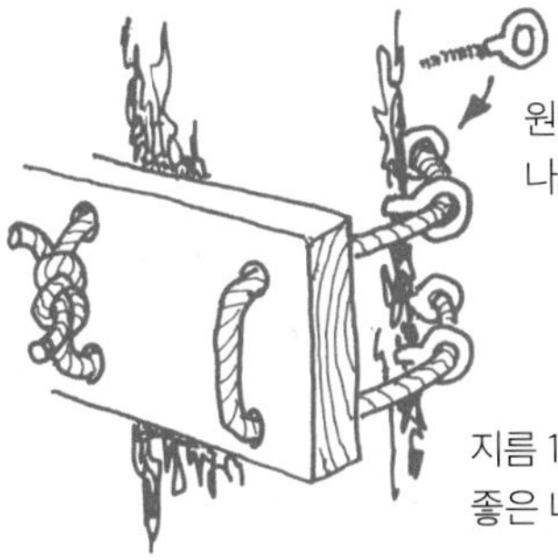

밧줄의 마모 상태를 매년 확인한다. 원형 고리 나사못으로 밧줄이 나무를 긁지 못하게 막는 역할을 한다.

플렉시블 슬롯 접합

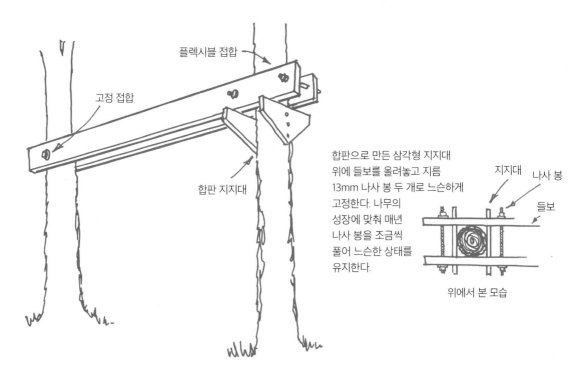

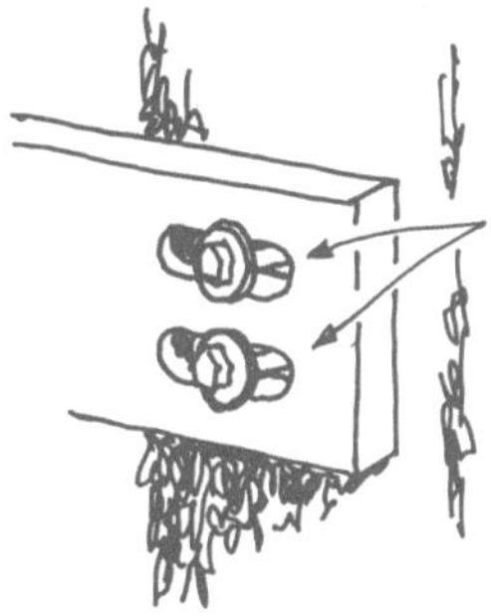

지름 13mm의 래그 나사못을 대형 와셔로 느슨하게 고정해서 들보가 바람에 흔들릴 수 있게 한다.

다양한 용도와 규격의 목재

트리 하우스를 짓기 위해 목재를 구매할 예정이라면
아래 내용을 참고하자.

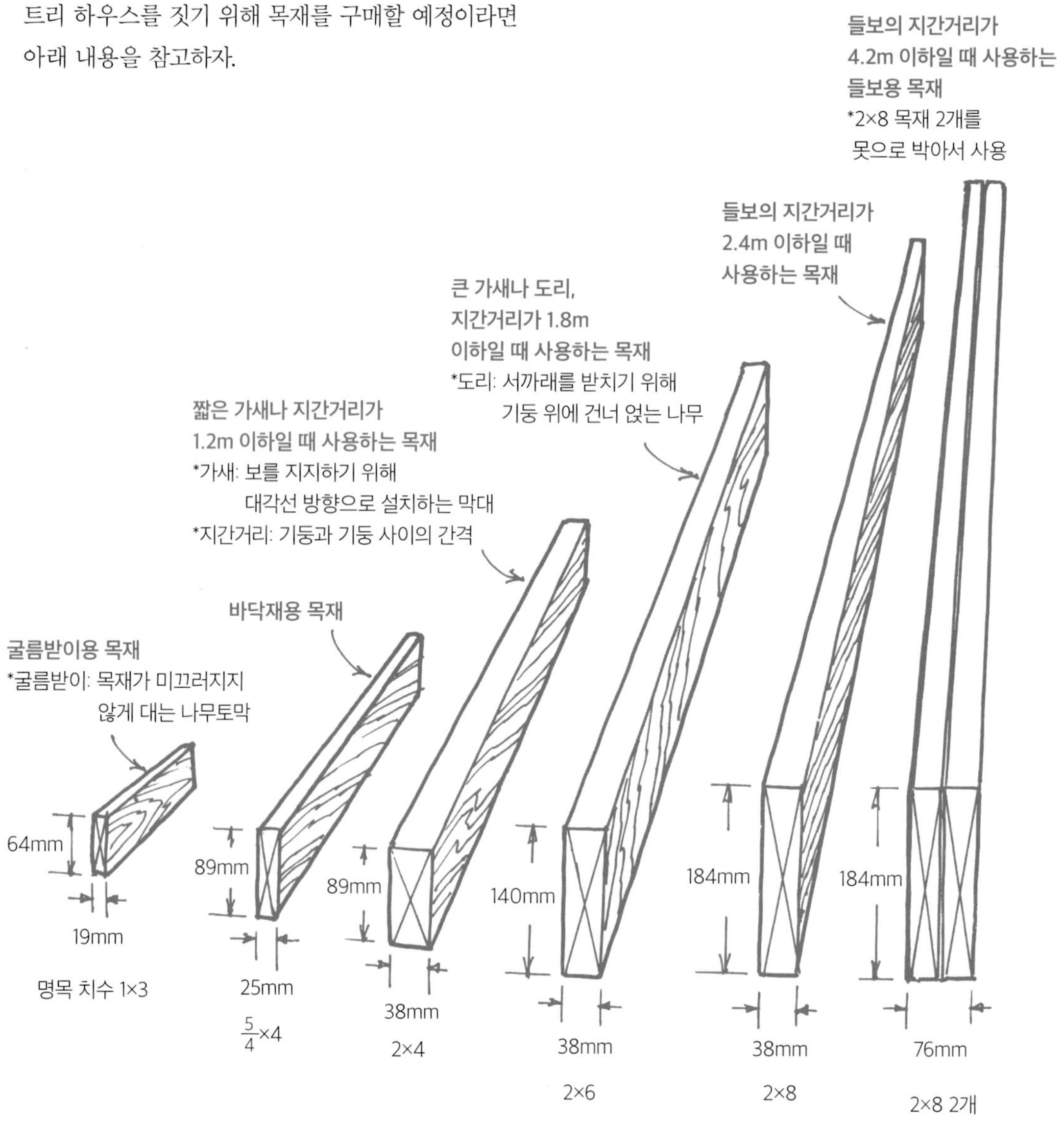

방부목 취급 주의 사항

방부목의 수명은 일반적으로 20~30년 정도이다.
트리 하우스를 건축할 때 방부목을 사용한다면 다음과 같은 주의를 기울여야 한다.

- 사용하고 남은 방부 목재를 태우거나 방부 목재의 톱밥을 흡입해서는 안 된다.
- 방부목을 사용하여 작업할 경우 반드시 장갑을 착용하고 방부목을 만진 후에는 항상 손을 깨끗이 씻는다.

작업의 효율을 높이는 전동 공구

직소
직소로 웬만한 목재 절단은
거의 다 가능

무선 원형 톱
긴 판자를 켤 때 사용

디스크 그라인더
거친 목재 표면을 매끄럽게
다듬을 때 사용

무선 드릴/드라이버
트리 하우스 건축 시 필요한
공구로 나사를 조이거나
구멍을 뚫을 때 사용

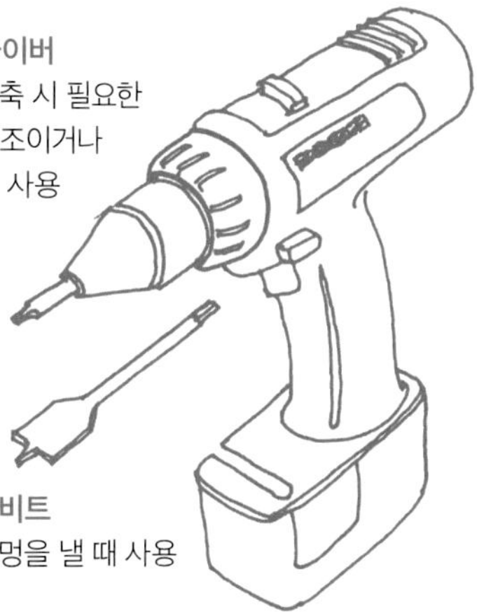

스페이드 드릴 비트
목재에 원형 구멍을 낼 때 사용

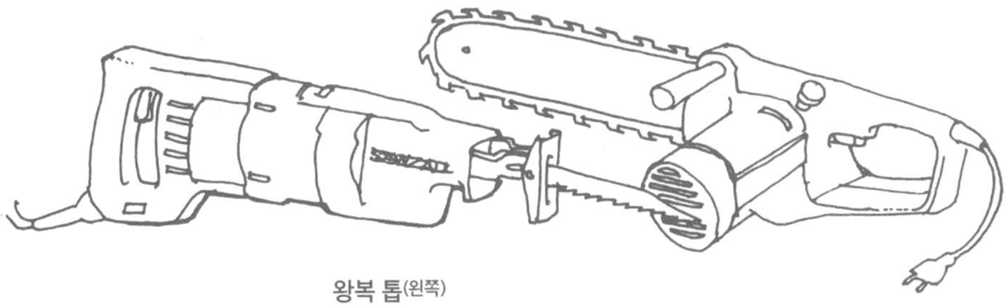

왕복 톱(왼쪽)
꼭 필요한 공구는 아니지만,
간간이 체인 톱(오른쪽)처럼 유용하게 사용

쓰임새가 많은 수동 공구

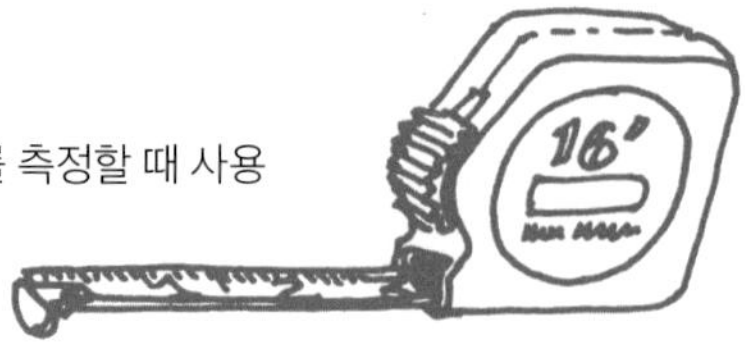

줄자
치수를 측정할 때 사용

노루발장도리
못을 박거나
뽑을 때 사용

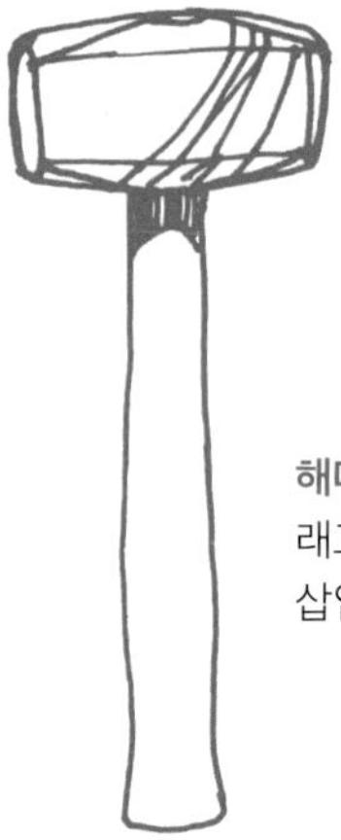

해머
래그 볼트를
삽입할 때 사용

연필
목재에
표시할 때 사용

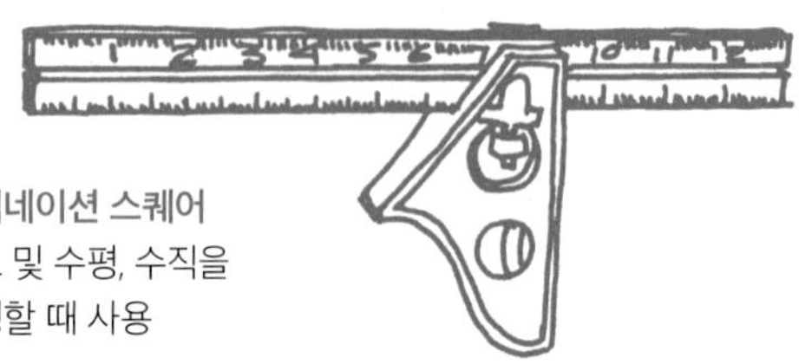

콤비네이션 스퀘어
각도 및 수평, 수직을
측정할 때 사용

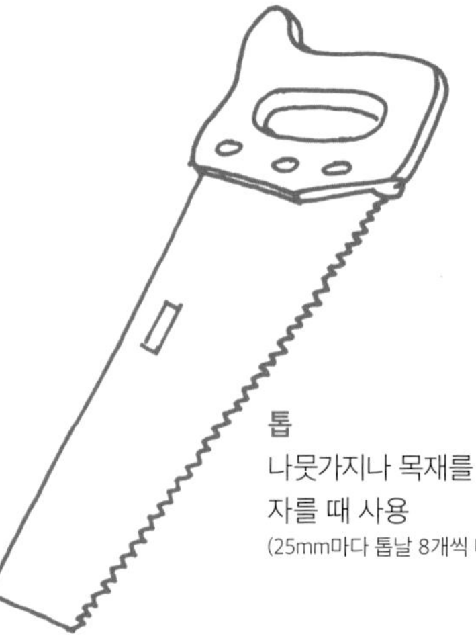

톱
나뭇가지나 목재를
자를 때 사용
(25mm마다 톱날 8개씩 배열)

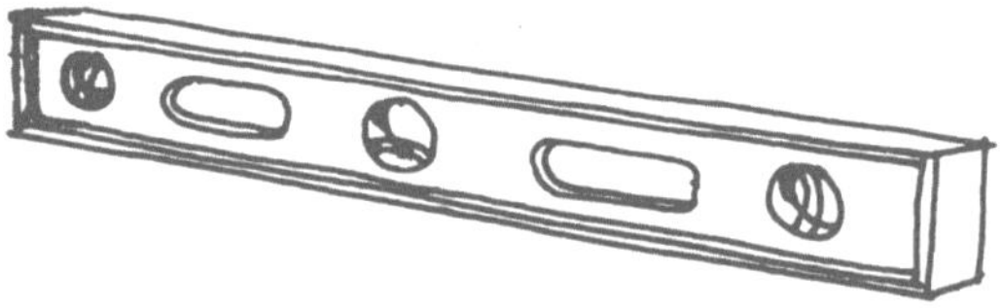

수평기
바닥보의 수평을 재거나
기둥의 수직을 측정할 때 사용

노루발 못뽑이
오래된 목재에서 못을
제거하거나 실수로 잘못
박은 못을 뽑을 때 사용

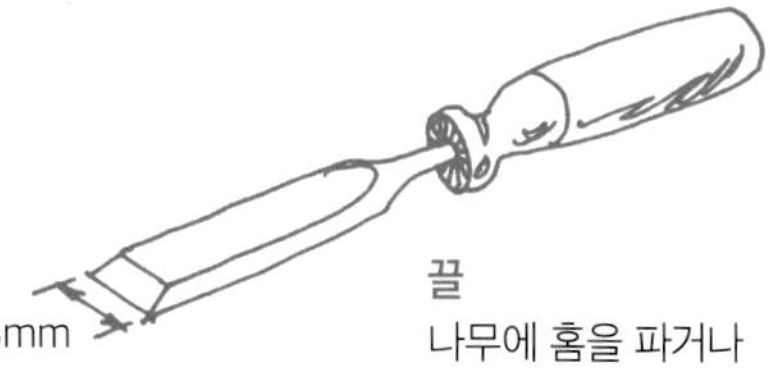

끌
나무에 홈을 파거나
깎아낼 때 사용

밧줄
나무 위로 들보를
들어 올릴 때 사용
(지름 10mm)

10mm
와이드 도르래

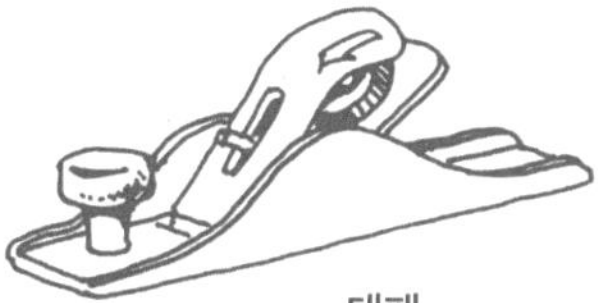

대패
목재의 표면을
깎아낼 때 사용

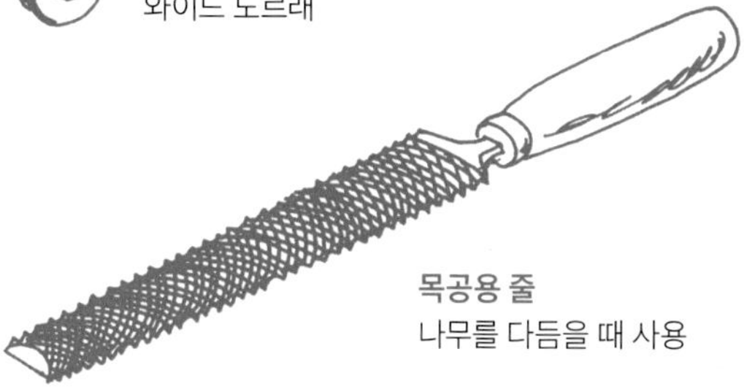

목공용 줄
나무를 다듬을 때 사용

렌치는 아래 세 가지 중 하나를 선택하면 된다.

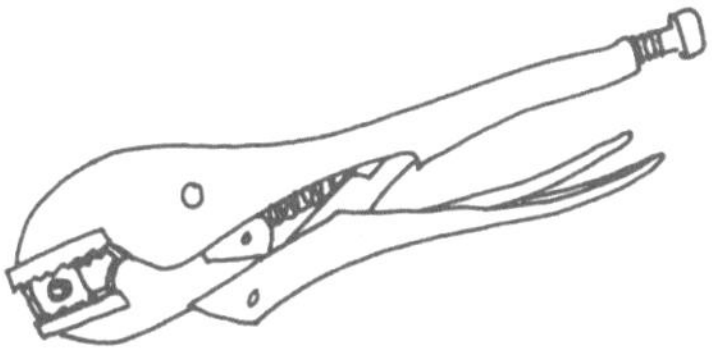

1 바이스 그립

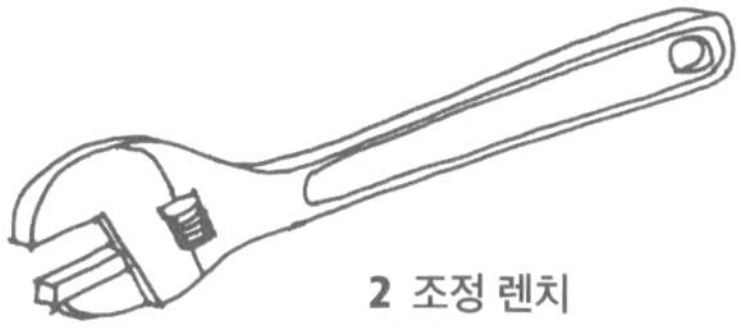

2 조정 렌치
일명 멍키 렌치

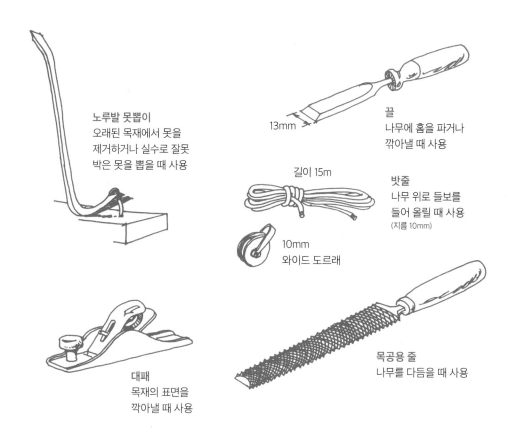

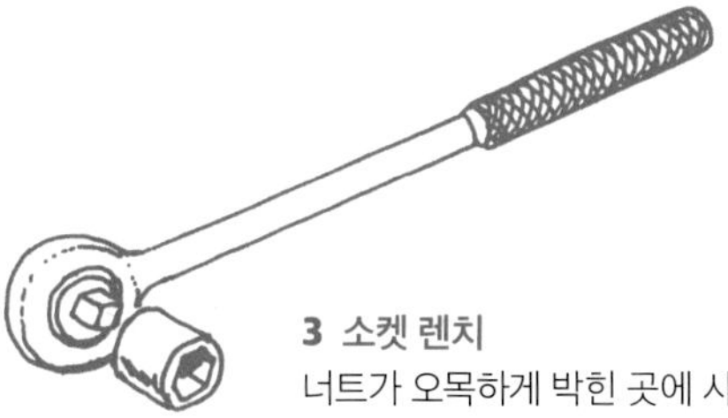

3 소켓 렌치
너트가 오목하게 박힌 곳에 사용

가장 많이 쓰이는 못, 볼트, 나사못

아래는 트리 하우스를 건축할 때 가장 유용하게
사용되는 못과 볼트 및 나사못이다.
구매 시 녹이 슬지 않게 아연도금 처리(코팅)가
되어있는지 반드시 확인한다.

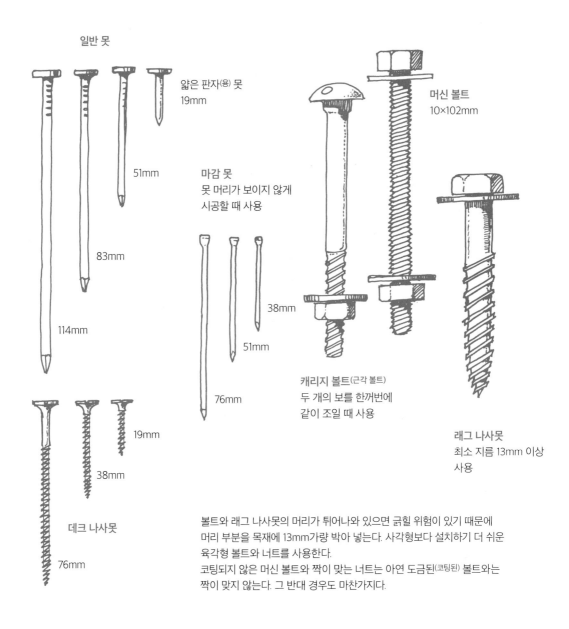

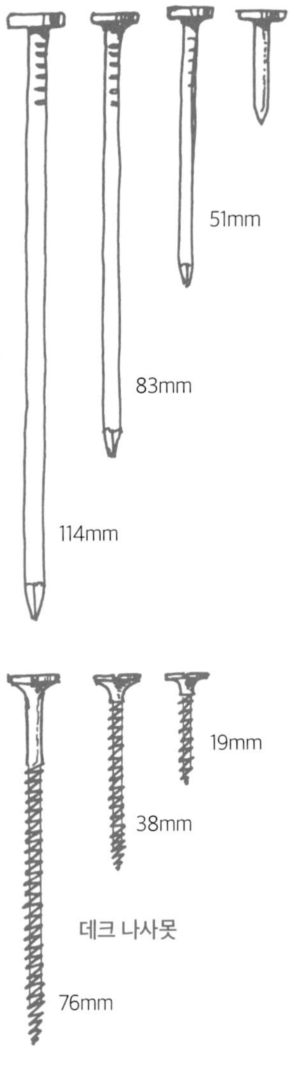

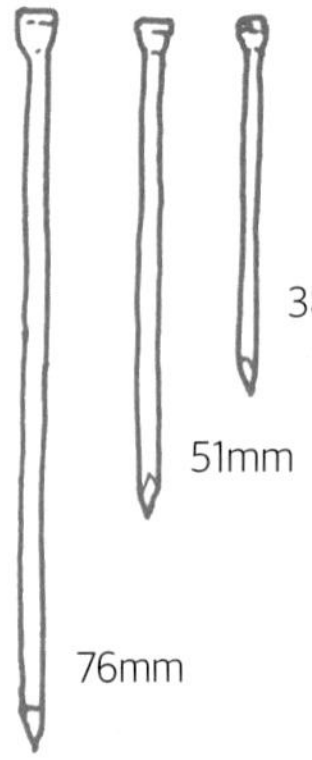

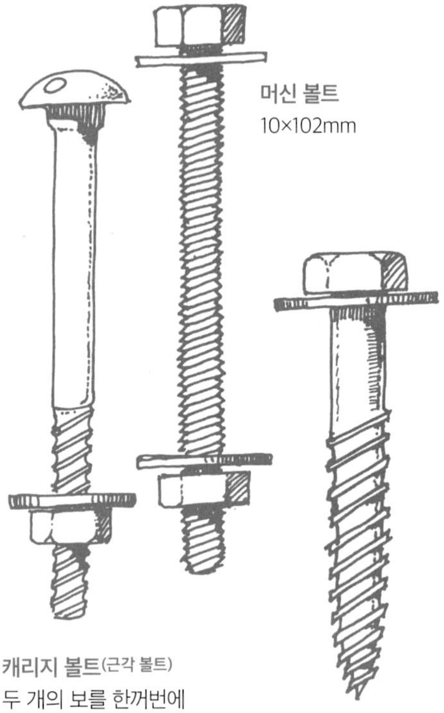

볼트와 래그 나사못의 머리가 튀어나와 있으면 긁힐 위험이 있기 때문에
머리 부분을 목재에 13mm가량 박아 넣는다. 사각형보다 설치하기 더 쉬운
육각형 볼트와 너트를 사용한다.
코팅되지 않은 머신 볼트와 짝이 맞는 너트는 아연 도금된(코팅된) 볼트와는
짝이 맞지 않는다. 그 반대 경우도 마찬가지다.

나사못을 박을 때 뚫는 파일럿 홀

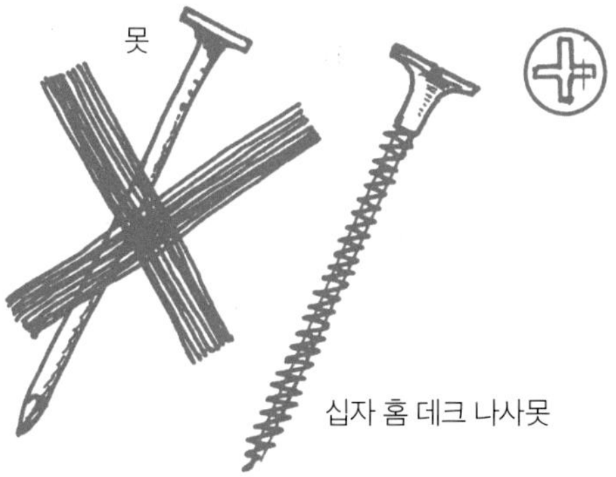

트리 하우스 건축 시 못 대신 아연 도금된 데크 나사못을 사용하기를 추천한다. 트리 하우스를 지을 때 반드시 한두 번은 들보를 제거하거나 재배치할 경우가 생기기 때문에 못보다 잘 고정되고 쉽게 제거되는 나사못을 사용하는 것이 좋다. 나사못을 많이 사용해서 만든 트리 하우스일 경우 철거도 쉽다.

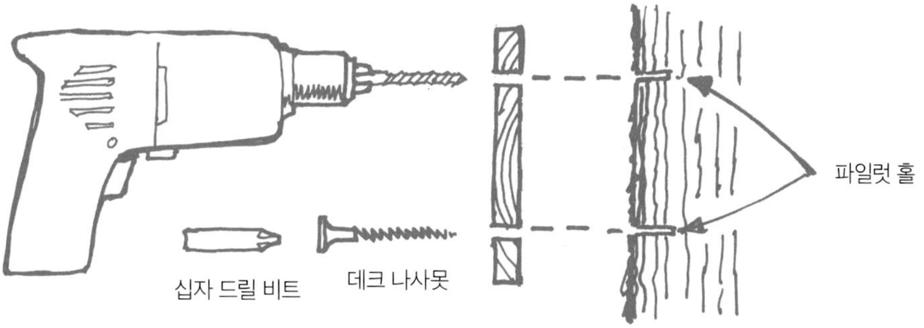

나사못을 설치하기 전 나무에 고정할 목재에 나사못의 지름보다 약간 더 크게 파일럿 홀을 뚫는다. 가능하면 드릴 두 개를 준비하여 하나는 파일럿 홀을 뚫을 때 사용하고 다른 하나는 보를 나무에 박을 때 사용한다. 나무에 나사못이 잘 박히지 않으면 나사못을 제거한 뒤 나무에 작은 파일럿 홀을 뚫거나 나사못에 비누칠한 뒤 다시 나무에 박아본다. 나사못의 나삿니 부분은 단단한 목재라면 51mm 이상, 연한 목재라면 76mm 이상은 나무에 단단히 박혀야 한다.

못 박는 요령

No!

목재 끝부분에
못을 박지 않는다.

Yes!

못을 박을 때 나무가 쪼개지는
것을 방지하려면 더 얇은(마감)
못을 사용한다.
망치로 못의 뾰족한 끝부분을
두드려 뭉뚝하게 한 뒤 나무에
박는 방법도 있다.

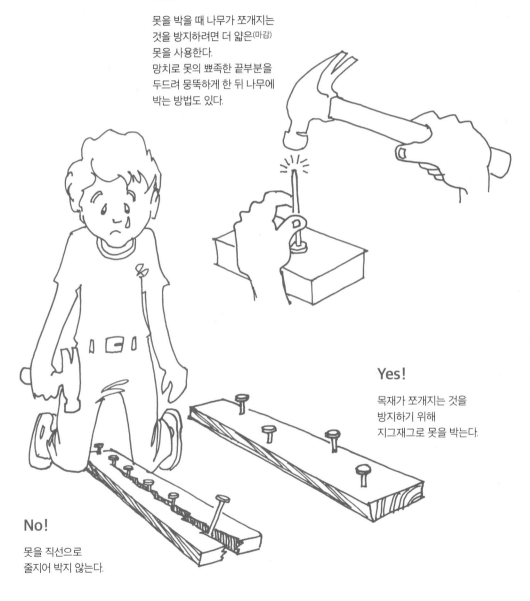

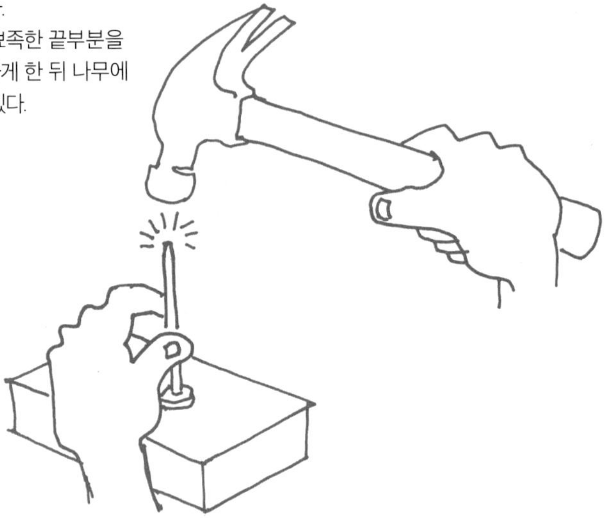

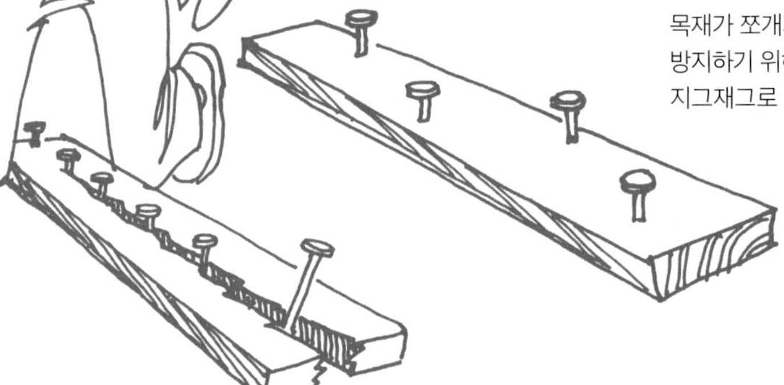

Yes!

목재가 쪼개지는 것을
방지하기 위해
지그재그로 못을 박는다.

No!

못을 직선으로
줄지어 박지 않는다.

Yes!

못을 박아야 할 위치에 손이 닿지 않으면 망치 뒤 못뽑이 부분에 못을 고정한 뒤 박아도 된다. 이때 다른 한 손은 버팀목을 붙잡고 있어야 한다.

Yes!

나무판자를 나무에 박기 전에 먼저 땅에서 못 끝부분이 나무판자를 통과하여 조금 튀어나오게 못을 박는다. 그러고 나서 나무에 올라 나무판자를 나무에 박는다.

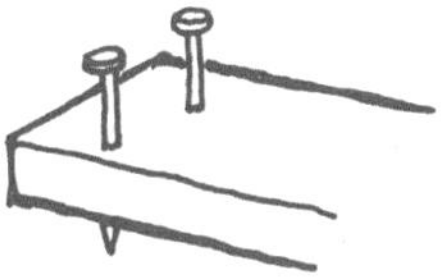

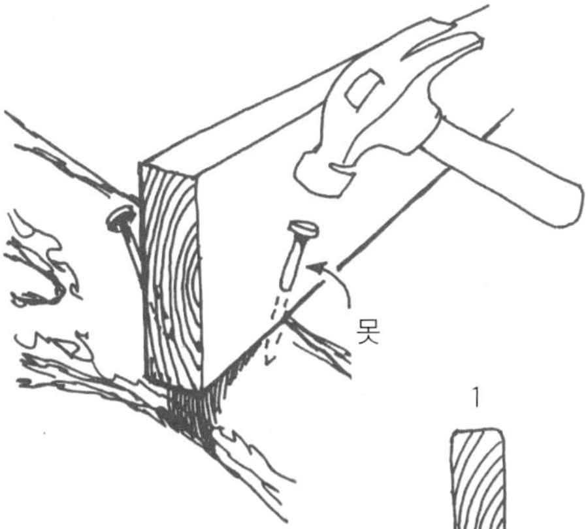

비스듬하게 못 박기

가지에 보를 고정할 때는 못을 비스듬하게 박는다. 이 작업에는 구부러진 못을 사용해도 좋다. 아니면 못을 비스듬히 박은 후 못 위쪽을 구부린 다음 그 상태에서 못을 박아 작업을 마무리해도 좋다.

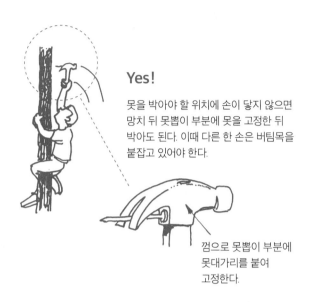

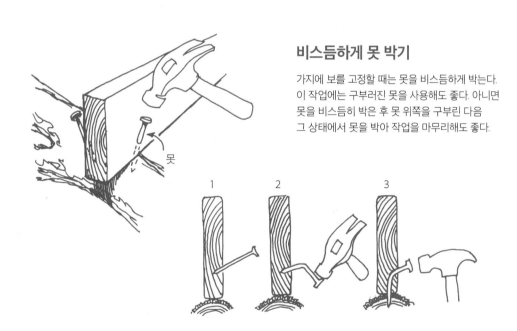

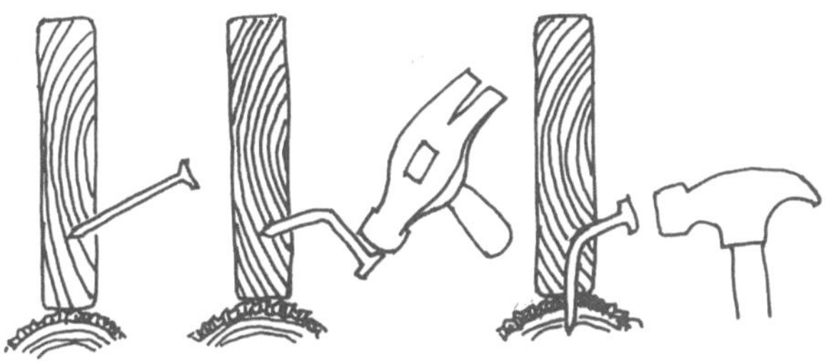

래그 나사못으로 나무에 보 고정하기

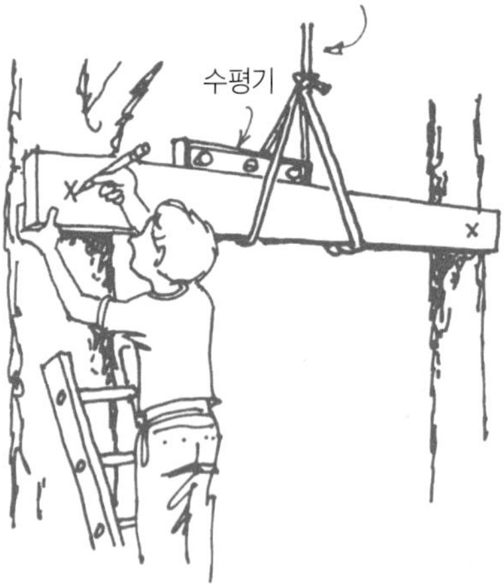

1 밧줄과 도르래를 사용하여 보를 들어 올린 다음 수평을 이루는지 확인한다. 보가 나무에 닿는 곳을 표시한다.

2 보 양쪽 끝에 각각 지름 13mm의 구멍을 뚫는다.

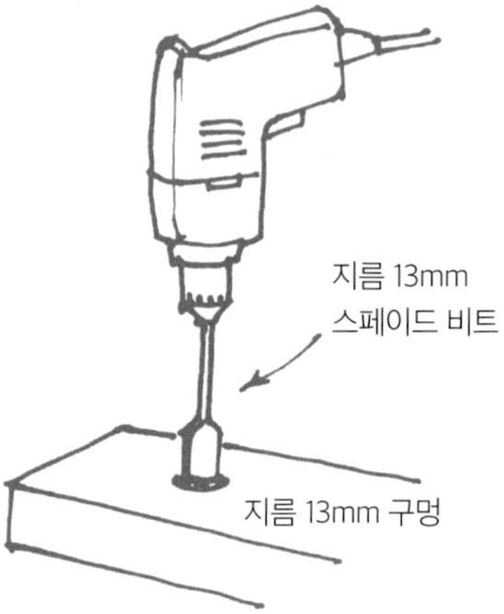

3 래그 나사못을 망치로 여러 번 내려쳐서 나무에 보를 고정한 후 렌치로 나사못을 90도 정도 돌린다. 나사못 머리를 다시 한번 세게 내려친 뒤 또 한번 90도 회전시킨다. 이 과정을 여섯 번 더 반복하여 나사못이 나무 섬유에 단단히 박히게 한다. 그리고 와셔가 보를 누를 때까지 나사못을 계속 조인다.

지름이 적어도 13mm 이상인 래그 나사못을 사용한다. 얇은 래그 나사못은 나무가 움직이거나 성장하면서 압력을 받으면 떨어져 나갈 수 있다.

보를 들어 올리는 데 유용한 밧줄과 매듭

바닥 골조 작업을 할 때 도르래와 연결된 밧줄을 사용하면 나무 위로 보를 들어 올리는 데 매우 유용하다. 이렇게 활용하려면 확장 사다리를 사용하여 작업할 지점 바로 위쪽 나뭇가지에 밧줄을 매달든지 밧줄의 한쪽 끝부분에 매듭(37쪽 참고)을 짓거나 자갈로 채운 조롱박 모양의 자루를 묶어 큰 나뭇가지 위로 던져야 한다.

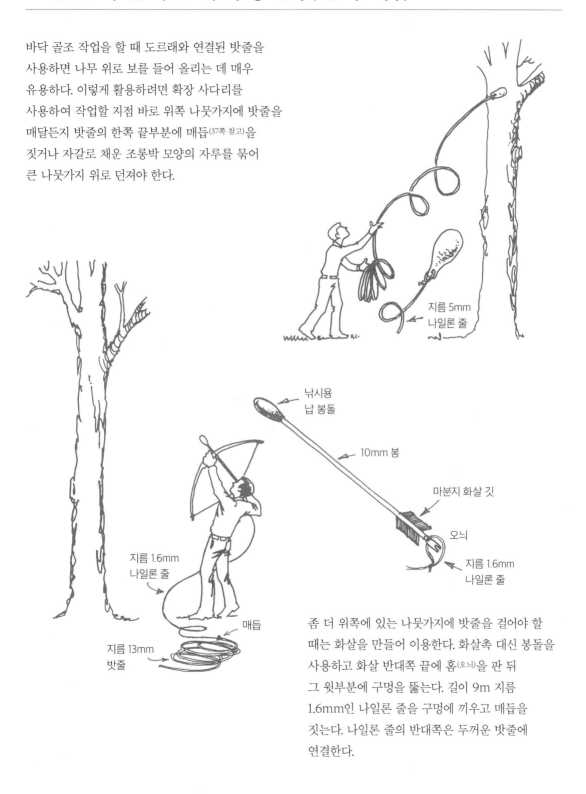

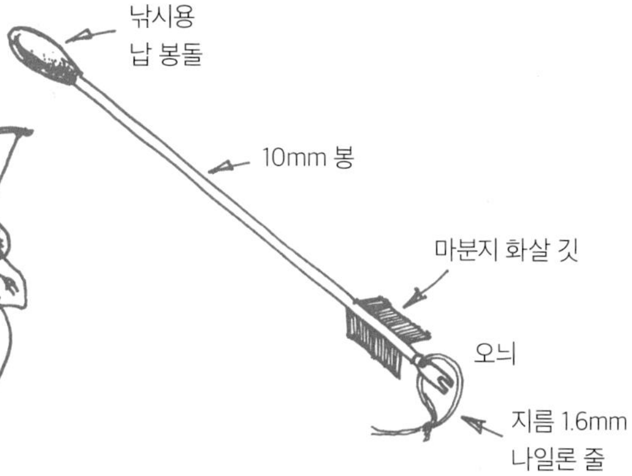

좀 더 위쪽에 있는 나뭇가지에 밧줄을 걸어야 할 때는 화살을 만들어 이용한다. 화살촉 대신 봉돌을 사용하고 화살 반대쪽 끝에 홈(오늬)을 판 뒤 그 윗부분에 구멍을 뚫는다. 길이 9m 지름 1.6mm인 나일론 줄을 구멍에 끼우고 매듭을 짓는다. 나일론 줄의 반대쪽은 두꺼운 밧줄에 연결한다.

나뭇가지에 밧줄을 매달았으면 밧줄 한쪽 끝에 보라인 매듭을 짓고(37쪽 참고) 밧줄을 건 도르래를 고리에 매단다. 그다음 손으로 잡고 있는 밧줄의 끝부분을 고리 안으로 넣고 도르래를 나뭇가지 쪽으로 끌어 올린다. 이때부터 도르래를 이용하여 나무 위로 자재를 들어 올릴 수 있게 된다.

밧줄과 매듭의 종류

밧줄의 종류는 삼, 마닐라, 폴리프로필렌, 데이크론, 나일론 등 다양하다. 폴리프로필렌(노란색) 밧줄은 햇빛에 노출되면 닳아지고 헤어지기 때문에 절대 사용하지 않는게 좋다. 폴리프로필렌 밧줄 대신 신축성 있고 잘 삭지 않는 나일론 밧줄을 추천한다.

8자 매듭
도르래에서 줄이 빠져나가지 않게 할 때 사용

슬립 매듭
물체에 두르고 감아서 당기면 조여지는 매듭

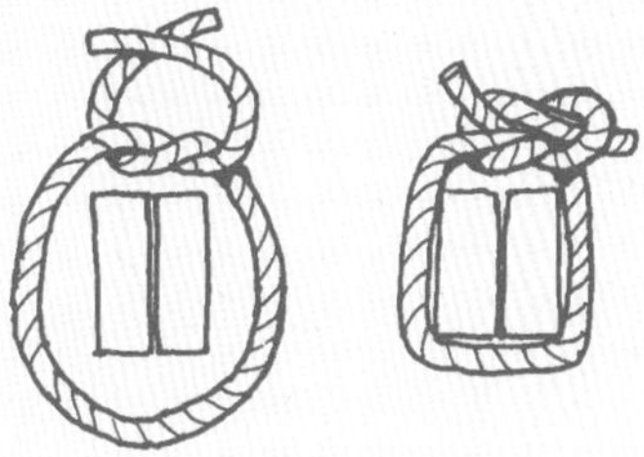

스퀘어 매듭
두 개의 물체를 함께 묶을 때 사용

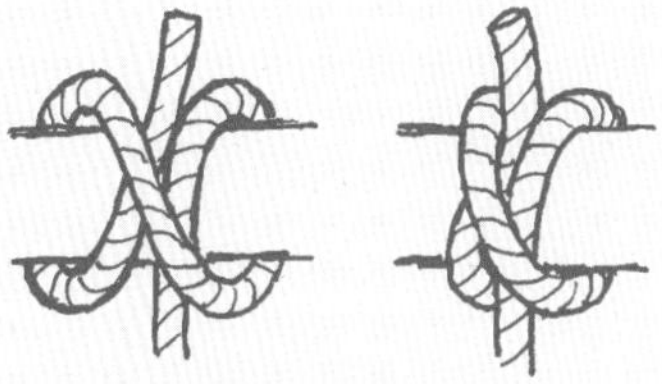

클로브 히치 매듭
수평을 이룬 나뭇가지나 들보에 물체를 걸 때 사용

보라인 매듭
선원들이 가장 신뢰하는 매듭

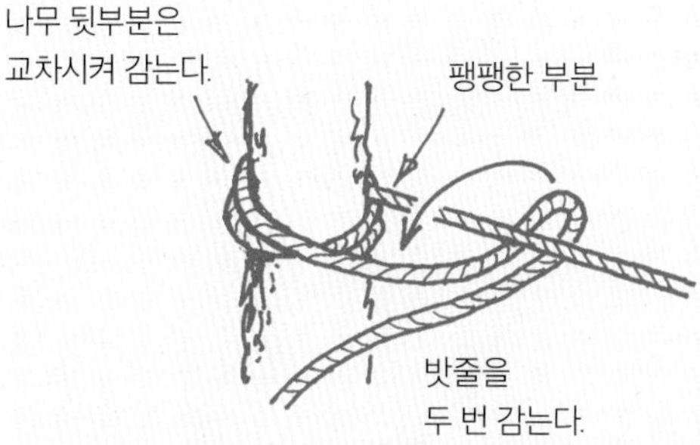

하프 히치 매듭
나무에 임시로 밧줄을 묶을 때 사용. 나무 기둥에 밧줄을 두 번 감고 팽팽한 부분에 두 번 연속해서 반 매듭을 묶는다.

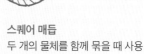

히빙 매듭
나뭇가지 위로 밧줄을 던질 때 사용

밧줄로 나무 고정하는 방법

신축성이 좋고 잘 삭지 않는 지름 13mm 나일론 밧줄을 사용한다. 안전을 위해 2~3년에 한 번은 밧줄의 상태를 꼭 확인한다. 밧줄 강도는 3.2t이다.

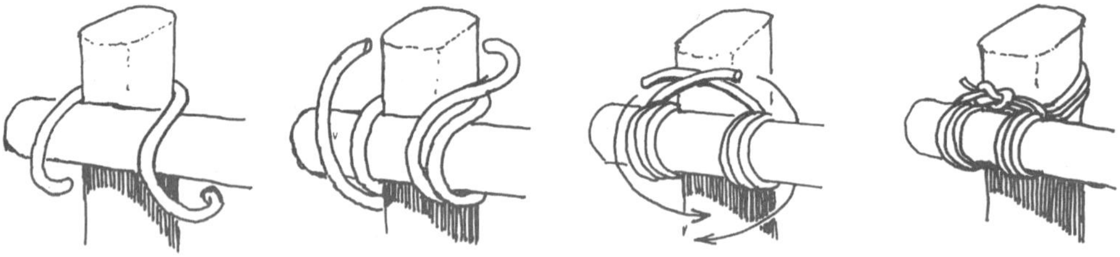

1 밧줄을 나무에 돌려 감는다.

2 밧줄을 감을 때 나무 뒷부분은 교차시킨다.

3 얽힌 부분에 밧줄을 여러 번 빙빙 돌려서 꽉 조인다.

4 스퀘어 매듭을 지어서 묶기 작업을 마무리한다.

위험한 층계 설치 절대 금지

이런 형태의 층계는 매우 위험하다! 왜 위험한지, 안전한 층계 설치 방법은 무엇인지 이제부터 알아보자!

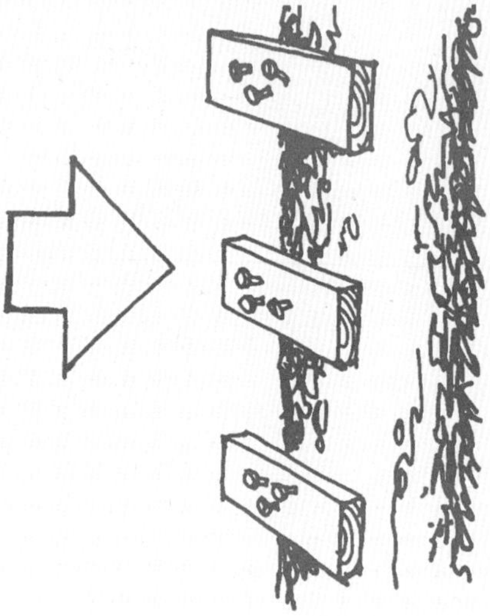

편리보다 안전이 중요한 층계

층계는 매년 정기적으로 점검하고 땅에 선 상태에서 계단에 밧줄을 묶고 아래로 힘껏 당겨보면서 안전한지 테스트해봐야 한다. 나무판자 한 장으로 만든 층계는 돌아가 버리거나 빠질 수 있기 때문에 좋지 않다.

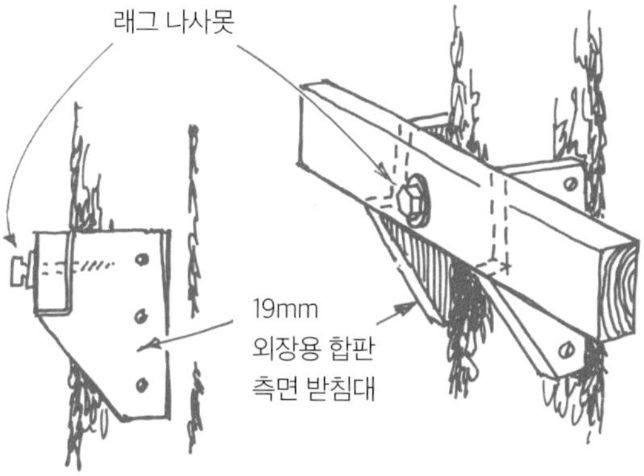

층계를 만들 때는 외장용 합판을 잘라 사용하는 것이 좋다. 외장용 합판은 주택 신축공사 현장에서 나오는 폐목 더미에서 종종 구할 수 있다. 그림에서처럼 합판을 측면 받침대 형태로 자르고 나무에 박는다. 계단 발판이 될 판자를 측면 받침대 위에 올려놓고 굵은 래그 나사못으로 나무에 고정한다.

다양한 형태의 층계

삼각형 합판 층계

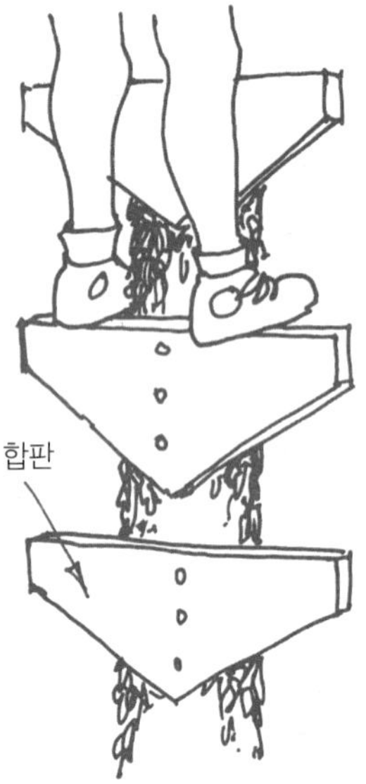

이 형태의 층계는 특별히
큰 나무에 설치한다.
2×4 목재를 쓰면 손으로
잡을 수 있는
공간이 생긴다.

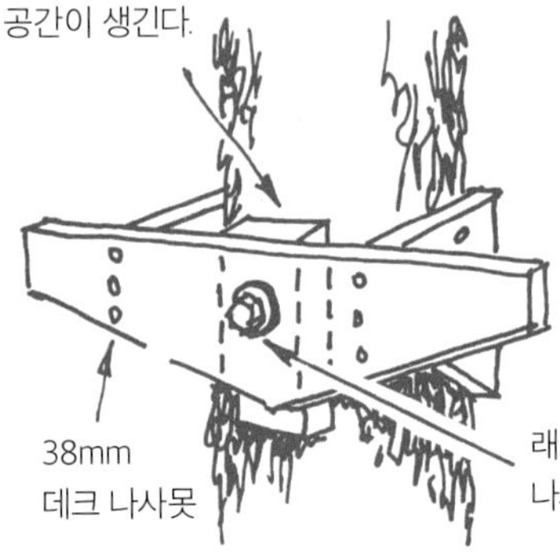

목봉 층계

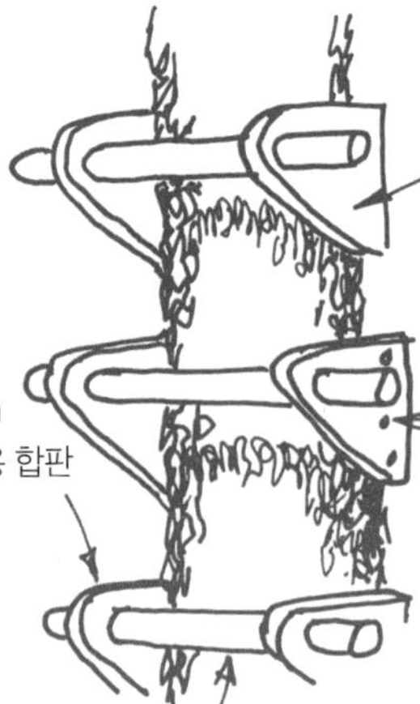

밧줄 사다리

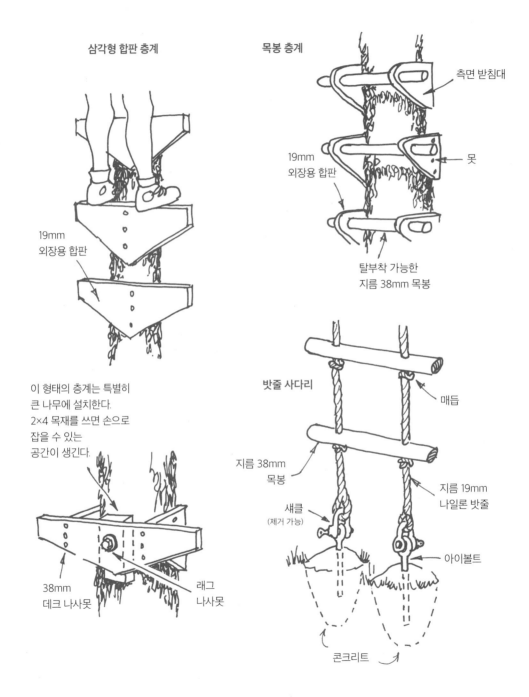

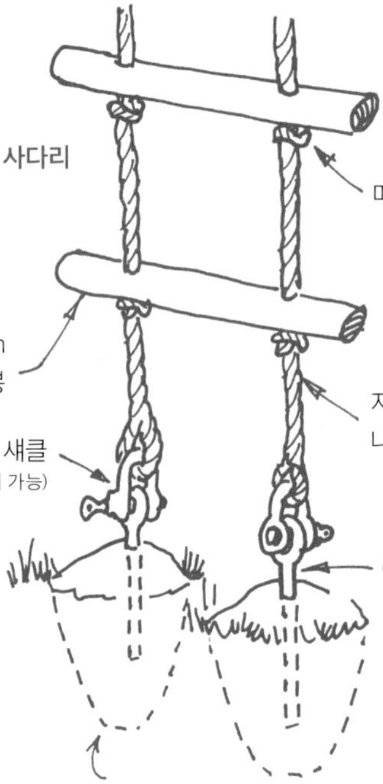

전신주 층계
작은 나무에 적합하다.

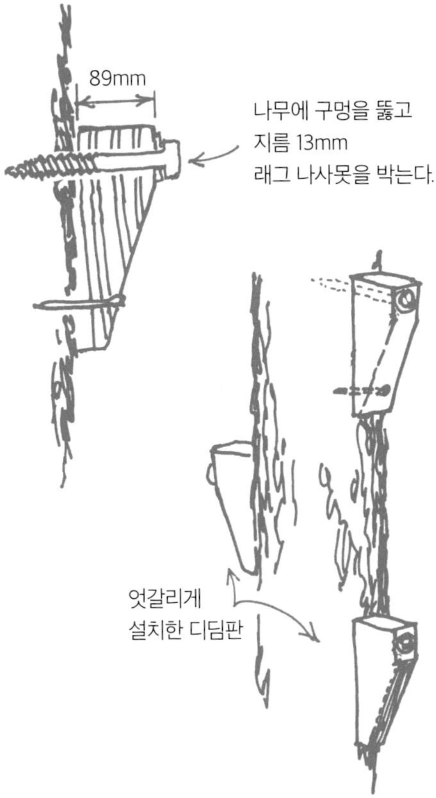

2×4 나무 계단
큰 나무에 적합하다.

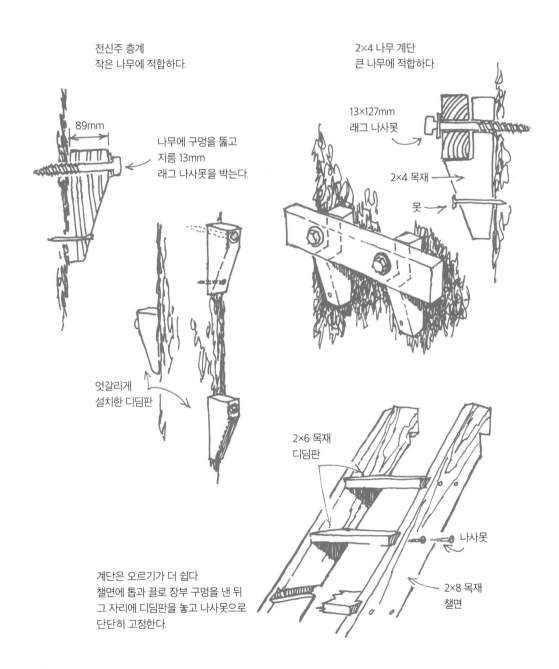

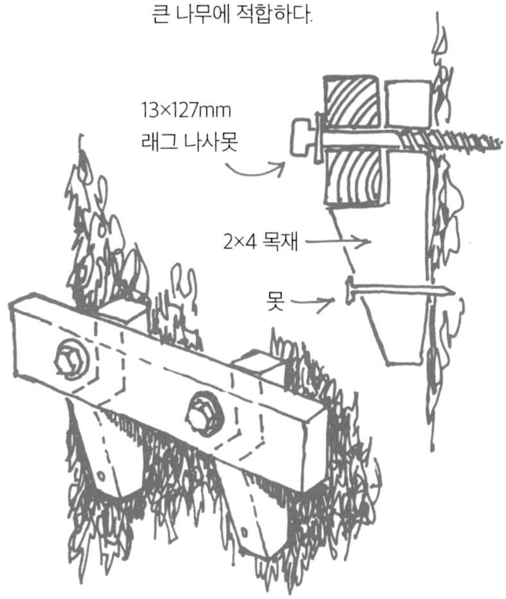

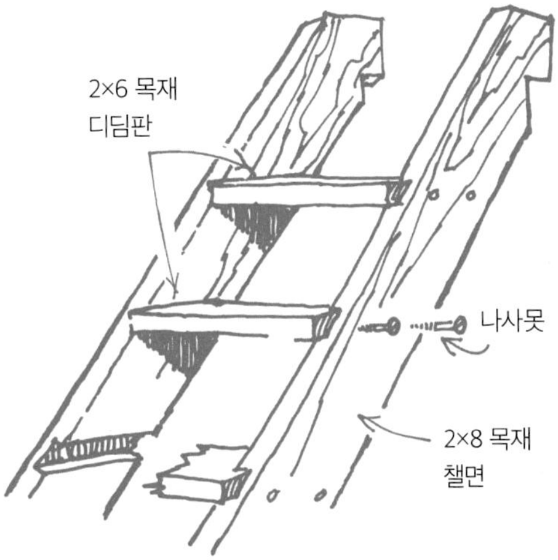

계단은 오르기가 더 쉽다.
챌면에 톱과 끌로 장부 구멍을 낸 뒤
그 자리에 디딤판을 놓고 나사못으로
단단히 고정한다.

여러 가지 모양의 사다리

건널판
만들기 가장 간단한 사다리로 2×12 발판 목재에 2×2 굴름받이용 목재를 못으로 박아서 만든다.

로빈슨 크루소 사다리
발판용 목재에 체인톱으로 둥글게 홈을 판 뒤 나무 기둥에 박고 줄로 감는다.

지름 100mm
나무 기둥
지름 76mm
통나무

밧줄 사다리
트리 하우스에 들어갈 때 도전 정신을 발휘하고 싶다면 다음의 밧줄 사다리 중 하나를 만들어보라.

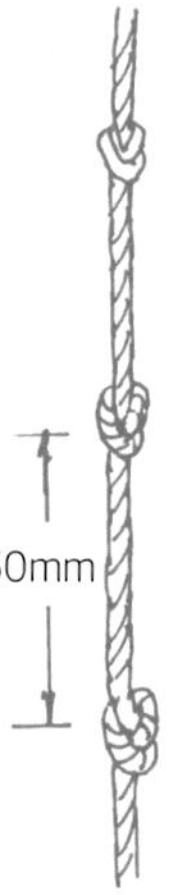

원숭이 밧줄 사다리
오르기 가장 어려운 사다리다. 밧줄에 매듭을 지어 고리를 만들면 좀 더 수월하게 사다리를 오를 수 있다.

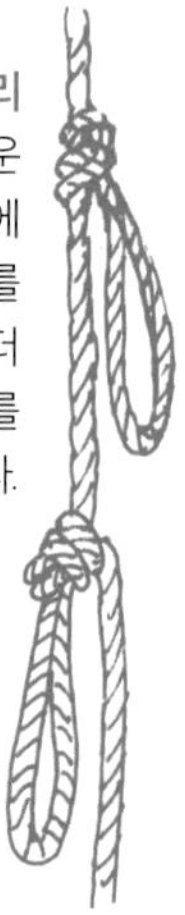

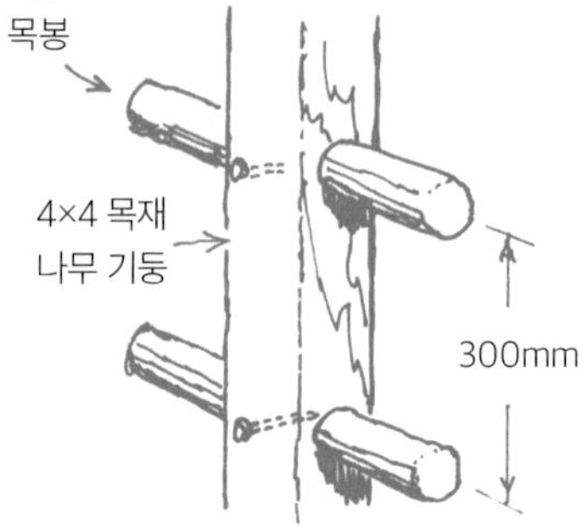

지름 38mm
목봉
4×4 목재
나무 기둥
300mm

말뚝 사다리
나무 기둥에 약 30cm 간격마다 지름 38mm의 구멍을 뚫고 구멍에 목봉을 삽입한 뒤 목봉이 박힌 기둥 중앙에 못을 박아 목봉을 단단히 고정한다.

2×3목재 사다리

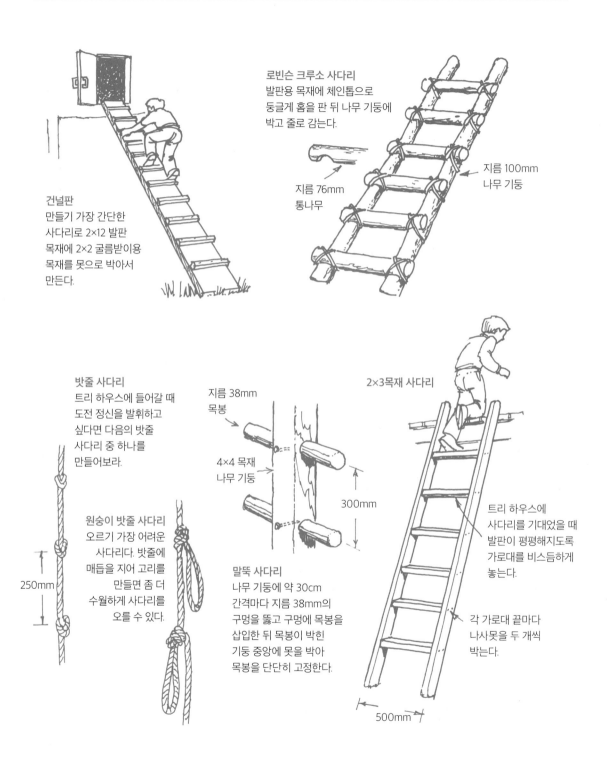

트리 하우스에
사다리를 기대었을 때
발판이 평평해지도록
가로대를 비스듬하게
놓는다.
각 가로대 끝마다
나사못을 두 개씩
박는다.
500mm

사다리 사용 시 안전 수칙

사다리는 트리 하우스 건축 시 꼭 필요한 기구이지만 제대로 사용하지 않으면 위험할 수 있다. 다음은 사다리 사용 시 유의해야 할 사항이다.

사다리가 안정적인지 확인한다. 바닥이 평평하지 않을 때, 짧은 사다리일 경우에는 바닥에 평평한 판을 놓고, 긴 사다리일 경우에는 땅에 구멍을 내고 사다리를 박아 수평을 맞춘다.

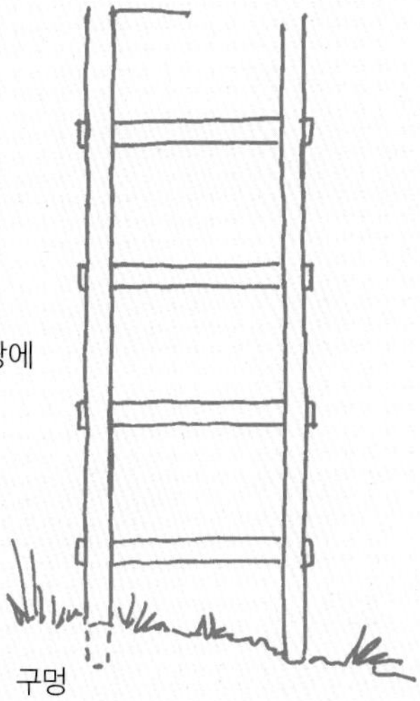

사다리를 오를 때 받침점 위에서는 절대로 체중을 다 실어서는 안 된다. 사다리 끝이 뒤집어져 떨어질 수 있기 때문이다.

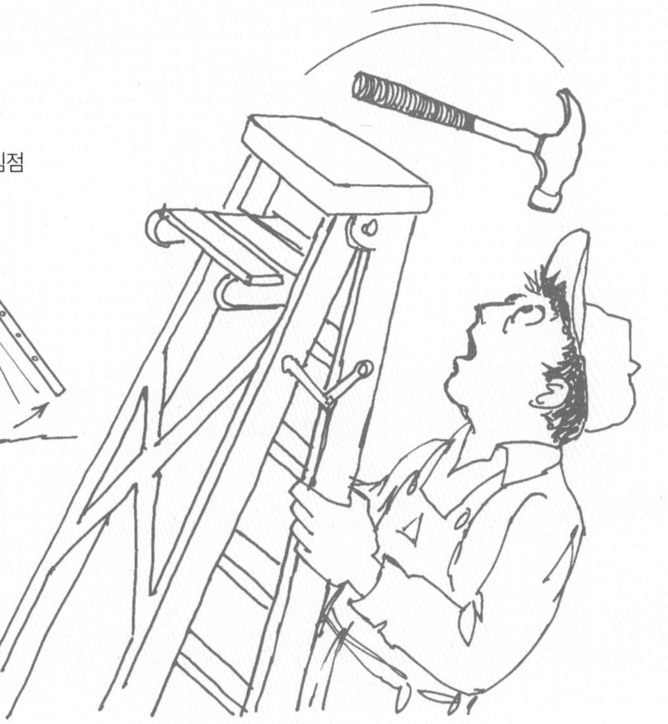

사다리 위에 절대 연장을 올려놓지 않는다.

여러 가지 모양의 손잡이

적절하게 배치한 손잡이는 트리 하우스를 쉽게 오를 수 있게 도와준다. 손잡이가 단단히 잘 고정되어 있는지 매년 점검한다.

바닥에 홈을 파서 만든 손잡이

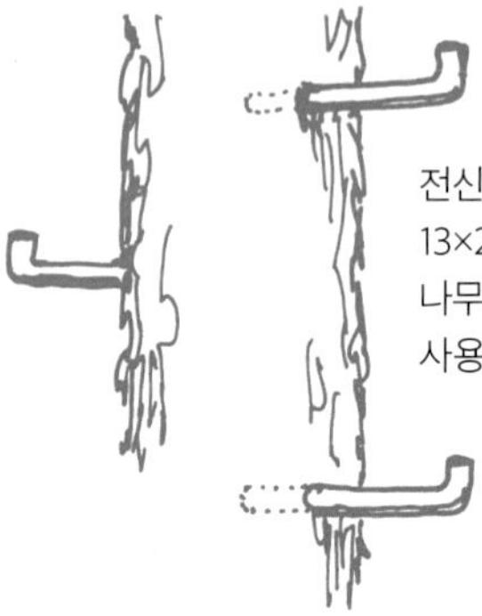

전신주 손잡이와 유사한 13×254mm 강철 손잡이를 나무에 박으면 층계로도 사용할 수 있다.

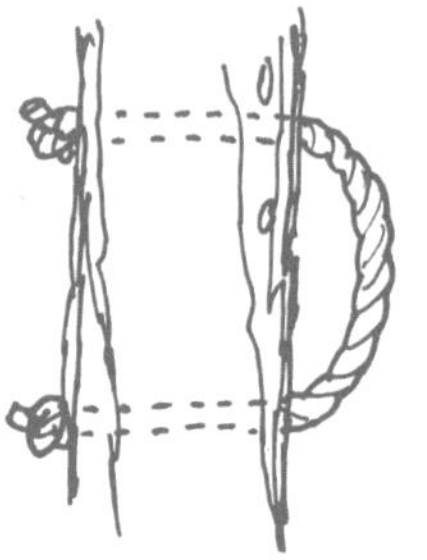

밧줄 손잡이는 지름 19mm 나일론 밧줄로 만들 수 있다. 나무나 기둥 뒤쪽에 매듭을 지어 손잡이를 만든다.

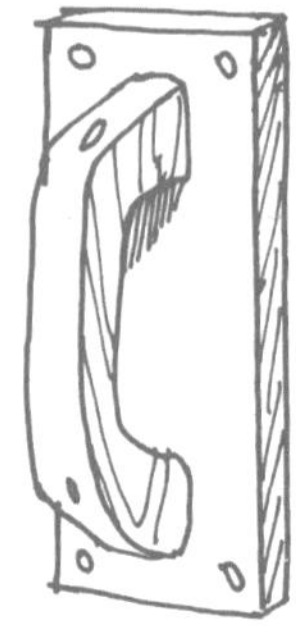

미장용 나무흙손은 간편한 손잡이로도 안성맞춤이다.

숲에서 볼 수 있는 굽은 나뭇가지를 잘라서 나무와 자연스럽게 어울리는 손잡이로 만들 수 있다. 10×102mm 래그 나사못으로 손잡이를 나무에 고정한다.

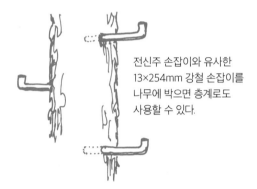

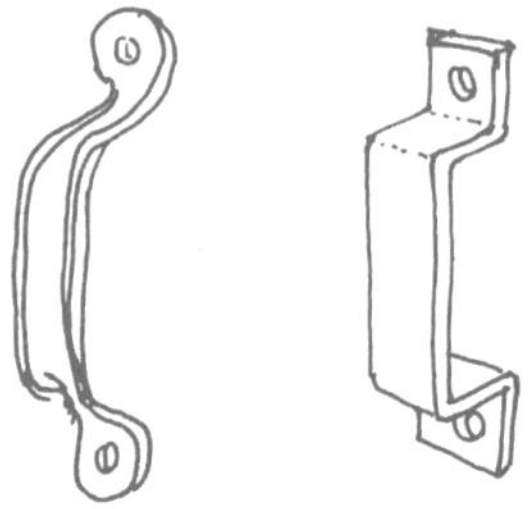

간이 창고 손잡이나 2×4 목재 받침대도 손잡이로 활용할 수 있다.

안전하고 편리한 작업을 돕는 안전벨트

안전벨트 착용 시 안전벨트가 체중을 충분히 지탱할 수 있게 안전벨트와 연결된 밧줄이 튼튼한 나뭇가지 사이에 단단히 고정되어 있는지 확인한다. 줄을 느슨하게 하면 매듭을 풀 필요 없이 나무 위아래로 안전벨트를 움직일 수 있다.

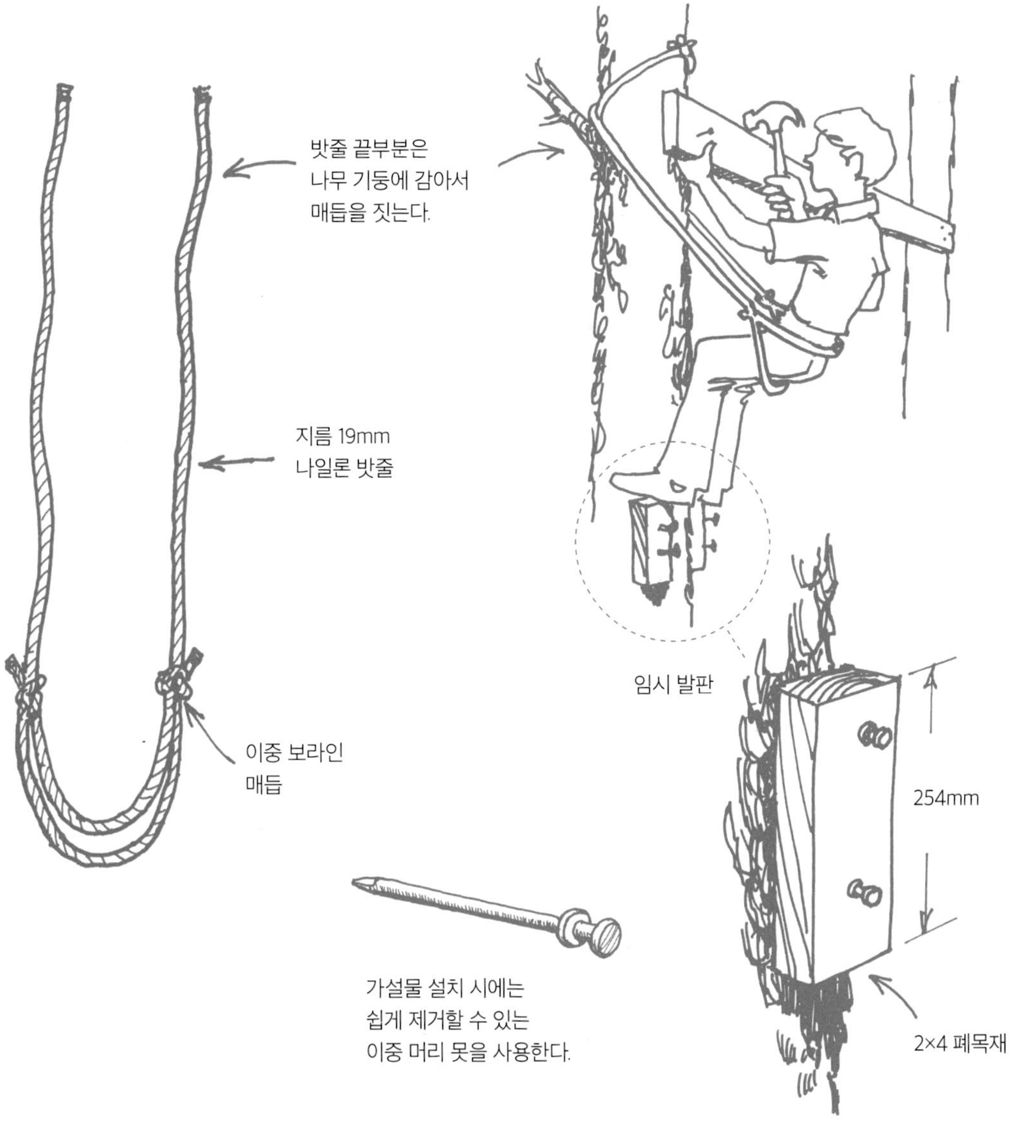

트리 하우스 건축 시 안전 수칙

트리 하우스를 건축할 때 가장 중요하게 고려할 사항은 바로 안전이다.
작업을 시작하기 전 항상 안전을 먼저 생각해야 한다. 아래에 제시한 안전 수칙을 명심하자.

- 나무에 오르기 전 미리 경로를 정한다.
- 나무에 오를 때 균형을 잃어버릴 경우를 대비해 주위에 붙잡을 수 있는 큰 가지나 밧줄이 있는지 반드시 확인한다.

- 나무에 오를 때 연장, 못, 볼트는 못 가방에 넣어 매고 손에 아무것도 들지 않는다.
- 언제라도 부러질 수 있는 죽은 나뭇가지는 잘라낸다.

- 들보 작업을 진행하는 동안 들보를 제 위치에 고정하기 위해 밧줄과 도르래를 나무에 설치한다. (36쪽 참고)
- 썩었거나 헐거워진 나무판자는 없는지 매년 트리 하우스를 점검한다.
- 트리 하우스에서 떨어질 때 충격을 덜 받도록 트리 하우스 밑에 나무껍질이나 톱밥 등을 깔아 둔다.
- 녹슨 못은 제거하고 쪼개질 우려가 있는 목재에는 사포질한다.

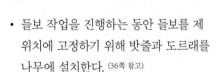

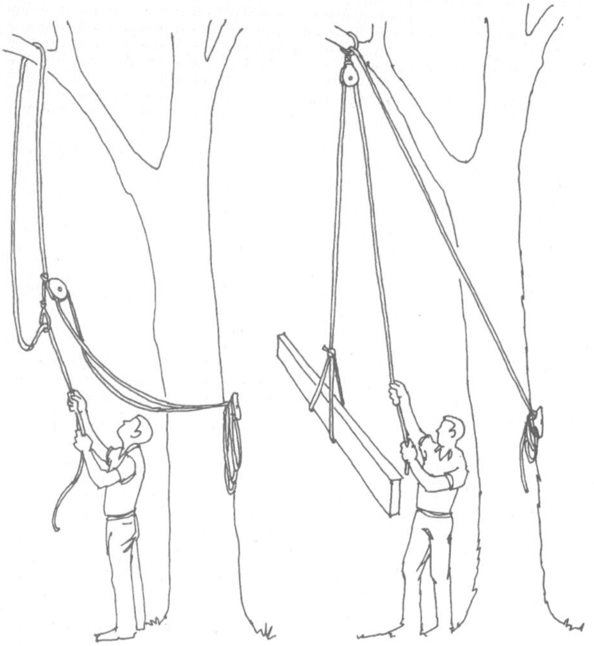

- 쓸데없이 너무 높은 곳에 트리 하우스를 짓지 않는다.
- 바닥 판을 가새로 받쳐서 더욱 튼튼하게 만든다. (57쪽 참고)
- 사다리 맨 윗부분 및 출입구 안쪽과 같이 손잡이가 필요한 곳에 튼튼한 손잡이를 설치한다.
- 닳아서 헤어지거나 끊어진 가닥은 없는지 밧줄의 노화와 마모 상태를 정기적으로 점검한다.

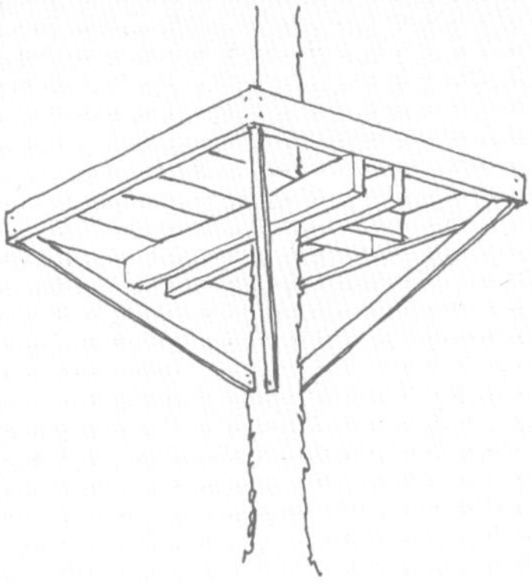

- 사다리를 사용할 때마다 사다리가 수평을 이루고 안정적인지 확인한다.
- 연장 사다리 사용 시 사다리가 올바른 방향을 향하고 있는지 확인한다.
- 안전벨트를 연결한 밧줄이 튼튼한 나뭇가지 사이에 잘 매달려 있는지 확인한다.

- 나무에 박힌 못을 제거할 때는 주의를 기울여야 한다.
- 한쪽 팔은 항상 고정된 곳을 잡고 있어야 하고 밧줄을 연결한 안전벨트를 착용한다. (45쪽 참고)

못을 쉽게 제거하는 법

못을 제거할 때 장도리나 노루발 못뽑이를 사용하면 지렛대의 힘을 이용하여 못을 제거할 수 있다.
만약 장도리나 노루발 못뽑이가 없다면 망치 머리 아래쪽에 나무토막을 대고 단단히 박혀 있는 못을 제거한다.

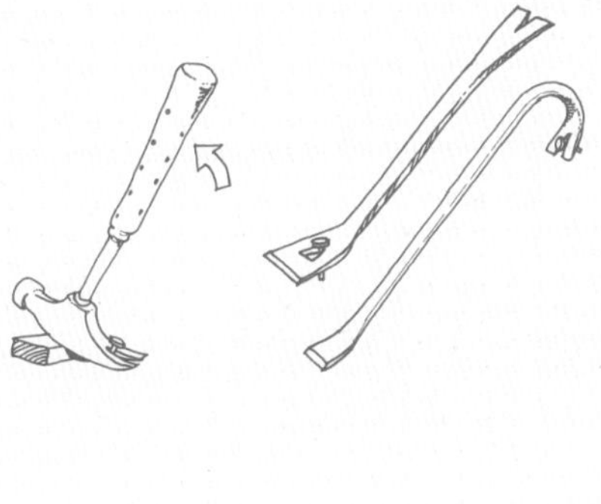

구급상자 구비 품목

비누 보관 용기로 작은 구급상자를 만들어
아래 구급 용품들을 보관한다.

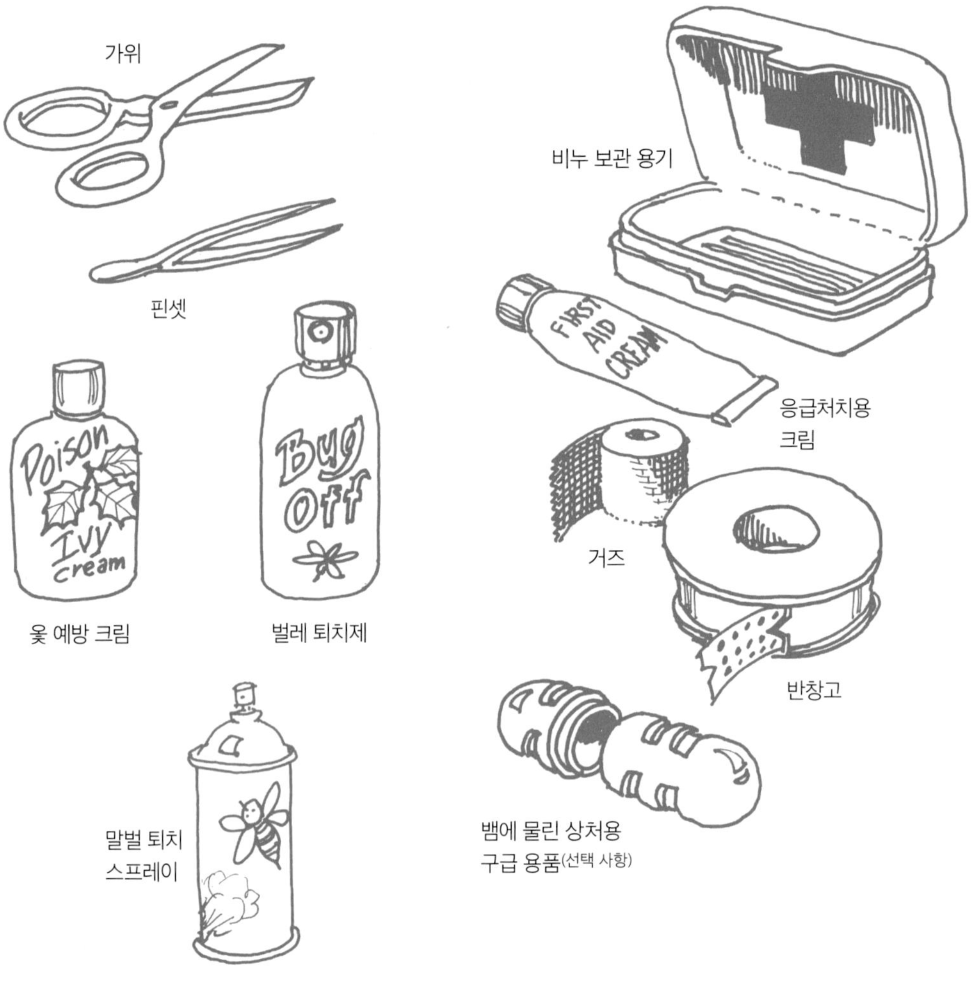

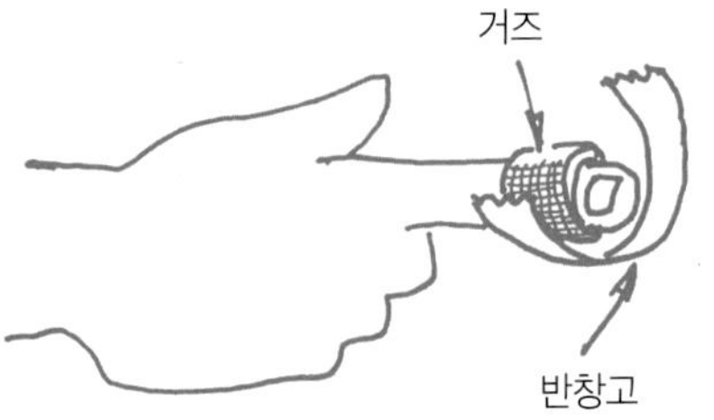

밴드 만들기

거즈와 반창고로 직접 만든 밴드가
약국에서 판매하는 것보다 더 좋다.
사는 것보다 비용도 적게 들고 지속력도 좋으며
신체 어느 부위에나 적용 가능한 맞춤형 밴드를
만들 수 있기 때문이다.

트리 하우스를 짓는 기본적인 방법

2

적당한 나무를 선택한다

트리 하우스를 짓는 데는 두 가지 방식이 있다. 첫 번째는 매우 큰 나무 위로 건축에 필요한 목재를 들어 올린 후 높이가 같은 나뭇가지에 못이나 나사못으로 나무판자를 박아서 트리 하우스를 짓는 방식이다. 나무 자체가 트리 하우스의 모양을 결정하기 때문에 구체적인 건축 계획이 전혀 필요 없는 매우 즉흥적이고 독창적인 건축 방식이다. 한 가지 주의할 점은 바닥 판을 평평하게 만들어야 한다는 것이다. 이렇게 독창적으로 트리 하우스를 지을 때 마주치게 될 문제를 어떻게 처리해야 할지는 앞으로 몇 페이지에 걸쳐 자세히 설명하겠다. 이 방식은 트리 하우스 건축에 바로 뛰어들어서 생기는 문제들을 하나씩 해결해 나가길 좋아하는 창의적인 성향의 사람에게 알맞다. 두 번째 방식은 일을 시작하기 전 자신이 할 일을 정확히 알고 있어야 하는 사람에게 적합하다. 건축 전에 트리 하우스를 지을 때 몇 그루의 나무를 사용할 수 있을지 먼저 확인하고 결정해야 한다. 2장에서는 사용할 나무 수와 형태에 따라 적용할 수 있는 트리 하우스 디자인을 건축 단계별로 제시할 것이다. 또 다른 형태의 디자인은 3장에서 소개하겠다. (68~100쪽 참고)

먼저 트리 하우스를 지으려는 나무를 조목조목 살펴본다. 나무 주위를 둘러보고 아래 네 가지 항목을 고려하면서 나무를 여러 각도에서 세세히 관찰한다.

1 트리 하우스를 지탱할 만큼 튼튼한가?

나무 한 그루에 트리 하우스를 지을 생각이라면 나무 밑동 지름이 적어도 30cm는 되어야 하고 여러 그루 나무에 트리 하우스를 지을 거라면 각각의 나무 밑동 지름이 적어도 15~20cm는 되어야 한다.

2 나무가 죽었거나 죽은 가지는 없는가?

죽은 나뭇가지는 폭풍에 쉽게 부러져서 트리 하우스를 부술 수 있다. 죽은 나무는 여름에 잎이 얼마나 무성한가로 쉽게 확인할 수 있다. 겨울에는 나뭇가지 끝에 싹을 보면 살아 있는 나무인지 알 수 있다.

3 집에서 너무 멀리 떨어지지 않았나?

건축 현장에서 전동 공구를 사용할 계획이라면 집과의 거리는 중요한 고려 사항이다. 트리 하우스

건축 현장이 멀어서 전동 공구를 사용하지 못할 경우에는 미리 목재에 구멍을 뚫은 후에 건축 현장으로 옮긴다. 아니면 배터리로 작동되는 무선 드릴을 대여하거나 구매하여 사용한다.

4 집을 지을 곳이 너무 높지 않은가?

나무 꼭대기에 트리 하우스를 지을 생각이라면 건축하는 동안 혹시라도 나무에서 떨어지게 되면 상당히 위험하다는 사실을 명심하길 바란다. 또한 트리 하우스 건축에 필요한 온갖 공구를 두 손에 쥐고 나무 꼭대기까지 올라갈 수 없다는 사실도 고려하자. 따라서 땅에서 가깝게, 즉 땅에 섰을 때 트리 하우스 바닥 판인 플랫폼이 손에 닿을 정도 높이에 트리 하우스를 건축하는 것이 좋다. 그 높이가 땅에서 불과 약 1.8m 밖에 떨어져 있지 않지만 높은 곳에 있을 때 느끼는 희열을 충분히 경험할 수 있다.

땅에서 쉽게 닿는 곳에
튼튼하고 굵은 가지가 많은
건강한 나무를 찾아낸다.

마음속으로 트리 하우스를 그려본다

트리 하우스 건축에 적합한 나무를 찾을 때 당신의 팔이 큰 상자를 들고 있는 나뭇가지라고 상상하면서 어느 나뭇가지에 그 상자를 놓고 트리 하우스를 지을지 생각해본다.

바닥 플랫폼을 설치할 자리를 잡는다

트리 하우스 건축에서 가장 중요한 작업은 나무에 견고하고 평평한 바닥 판, 즉 플랫폼을 설치하는 일이다. 플랫폼을 설치하면 나머지 작업은 순조롭게 진행된다.

플랫폼을 설치하기 위해 나무 몇 곳을 줄로 연결한다. 수평기와 가설 나무토막, 가설 지지대를 이용하여 줄의 수평을 맞춘다. 트리 하우스를 꼭 정사각형으로 만들 필요는 없지만 반드시 수평은 맞춰야 한다. 이 단계를 절대 그냥 넘어가지 않아야 한다. 각 연결 지점의 높이를 맞춰서 첫 번째 보를 제대로 설치하는 작업이 매우 중요하다. 작업을 진행하면서 수평이 맞는지 계속 확인해야 한다.

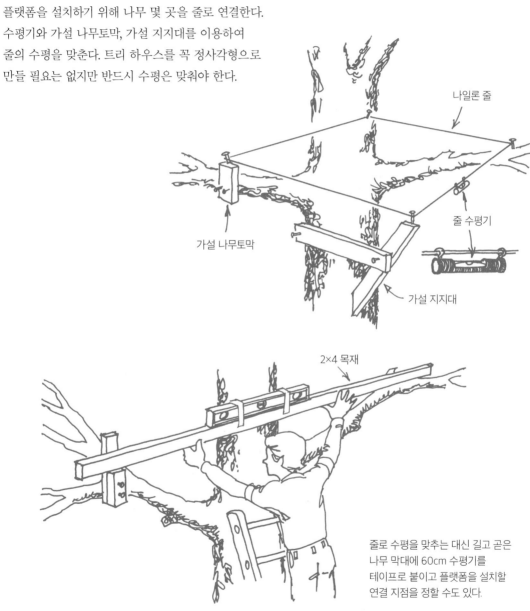

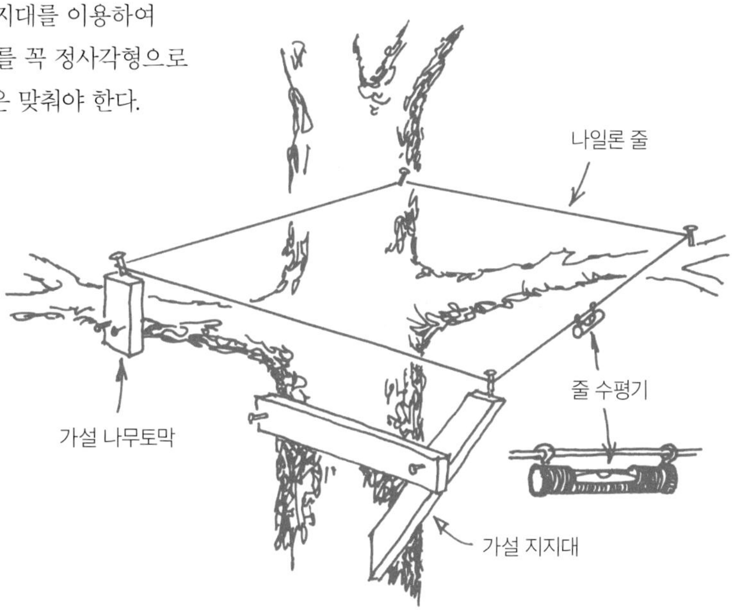

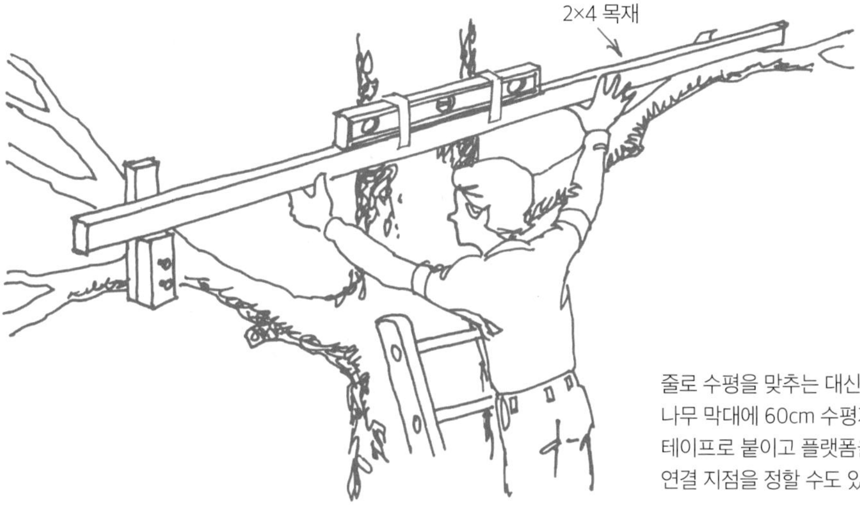

줄로 수평을 맞추는 대신 길고 곧은 나무 막대에 60cm 수평기를 테이프로 붙이고 플랫폼을 설치할 연결 지점을 정할 수도 있다.

골조를 설치하고 바닥 판을 만든다

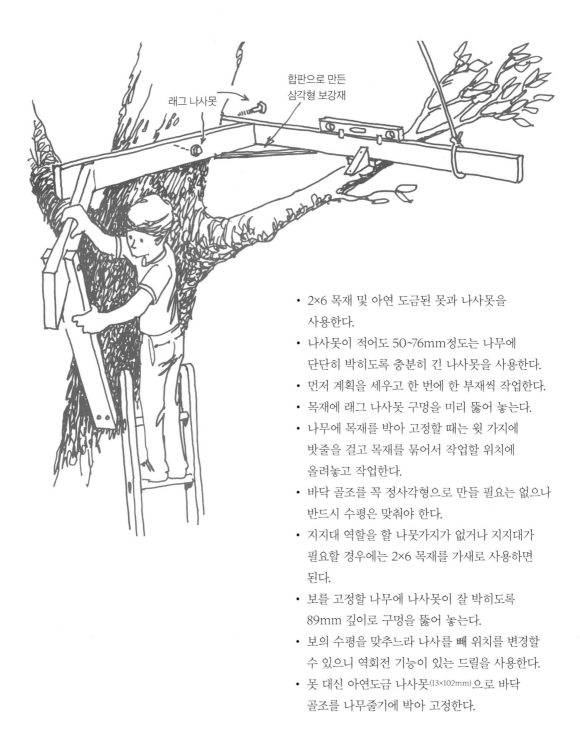

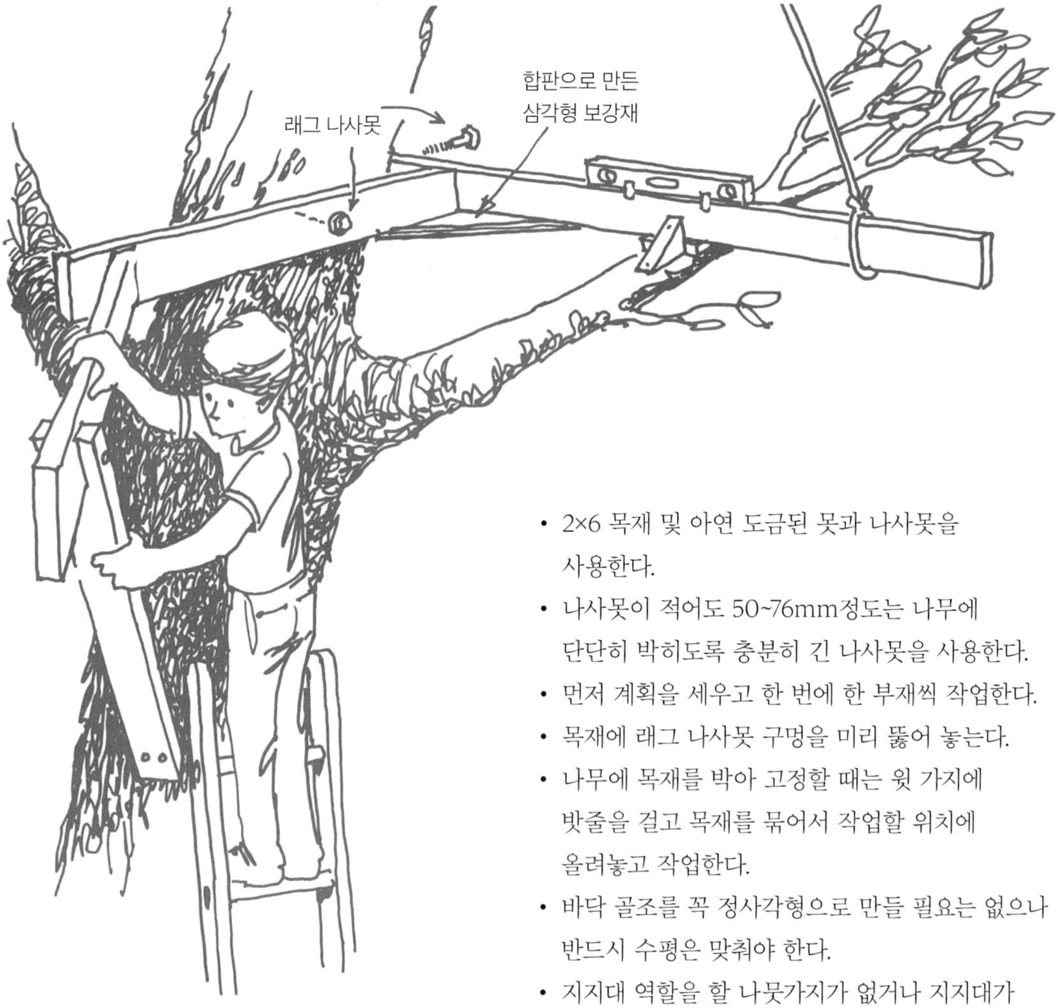

- 2×6 목재 및 아연 도금된 못과 나사못을 사용한다.
- 나사못이 적어도 50~76mm정도는 나무에 단단히 박히도록 충분히 긴 나사못을 사용한다.
- 먼저 계획을 세우고 한 번에 한 부재씩 작업한다.
- 목재에 래그 나사못 구멍을 미리 뚫어 놓는다.
- 나무에 목재를 박아 고정할 때는 윗 가지에 밧줄을 걸고 목재를 묶어서 작업할 위치에 올려놓고 작업한다.
- 바닥 골조를 꼭 정사각형으로 만들 필요는 없으나 반드시 수평은 맞춰야 한다.
- 지지대 역할을 할 나뭇가지가 없거나 지지대가 필요할 경우에는 2×6 목재를 가새로 사용하면 된다.
- 보를 고정할 나무에 나사못이 잘 박히도록 89mm 깊이로 구멍을 뚫어 놓는다.
- 보의 수평을 맞추느라 나사를 빼 위치를 변경할 수 있으니 역회전 기능이 있는 드릴을 사용한다.
- 못 대신 아연도금 나사못(13×102mm)으로 바닥 골조를 나무줄기에 박아 고정한다.

- 바람이 불어 나무가 흔들릴 때 보를 접합한 부분도 같이 흔들리도록 보를 플렉시블하게 설치한다. (그림 참고)
- 2×4 목재를 40cm 간격으로 놓고 고정해서 바닥 장선을 만들고 그 위에 $\frac{5}{4}$×6규격 마루판을 6mm씩 간격을 두고 얹거나, 19mm 외장 합판을 얹어서 플랫폼(바닥 판)을 만든다.
- 플랫폼을 완성하면 이 책 3장에 나와 있는 대로 건축을 계속 진행한다. (68~100쪽 참고)

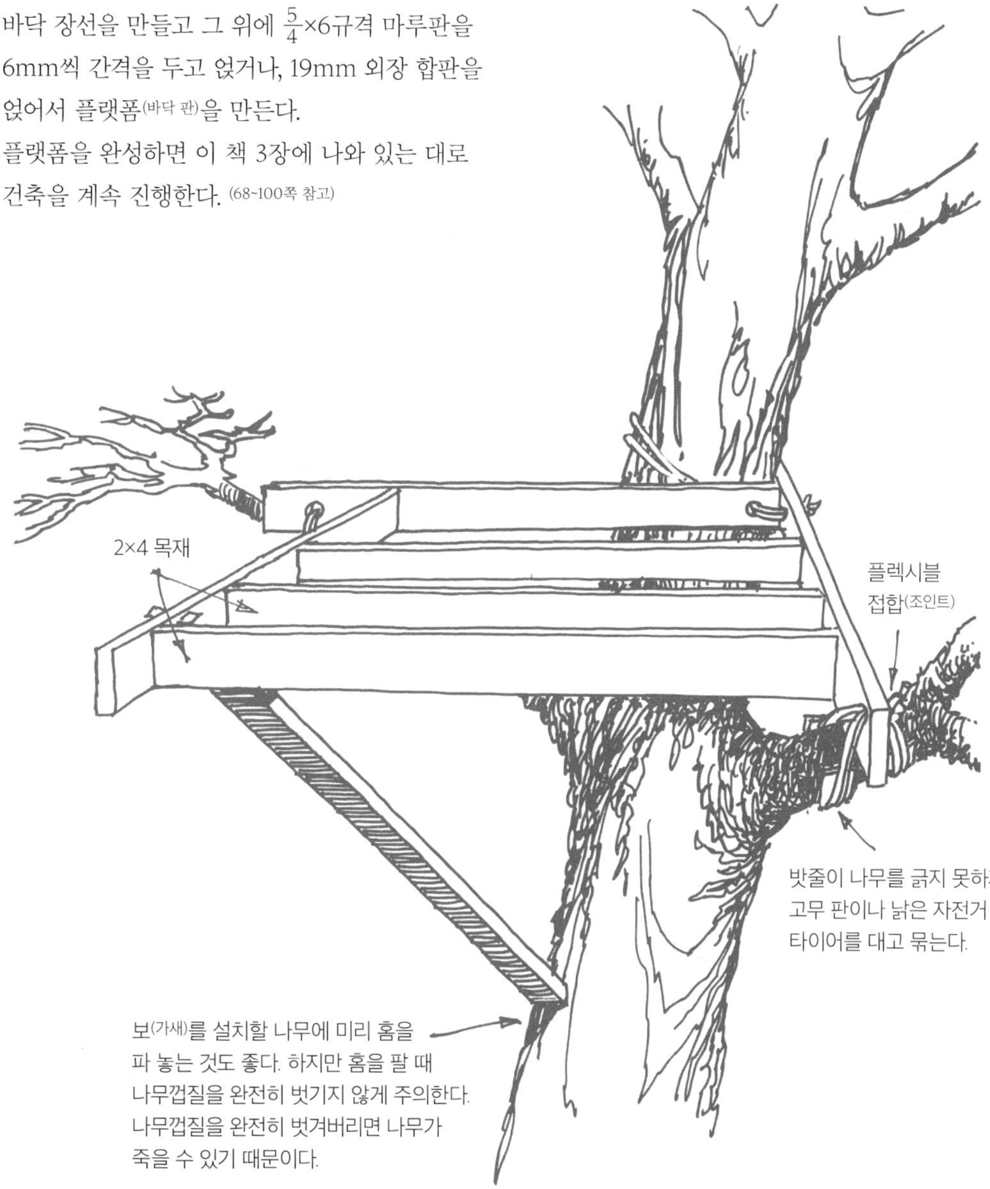

2×4 목재
플렉시블
접합(조인트)
밧줄이 나무를 긁지 못하게
고무 판이나 낡은 자전거
타이어를 대고 묶는다.
보(가새)를 설치할 나무에 미리 홈을
파 놓는 것도 좋다. 하지만 홈을 팔 때
나무껍질을 완전히 벗기지 않게 주의한다.
나무껍질을 완전히 벗겨버리면 나무가
죽을 수 있기 때문이다.

보의 수평을 맞춰 고정하는 방법

플랫폼 보를 받칠 특설 지지대를 설치한다. (보의 규격은 26쪽 내용을 참고) 나무에 바닥보를 설치하려면 수평을 이룬 곳이 최소 세 곳은 있어야 한다.

나무줄기가 그 중 한 곳이 될 수도 있고 아래 그림처럼 나뭇가지를 활용하여 수평을 맞춰야 할 수도 있다.

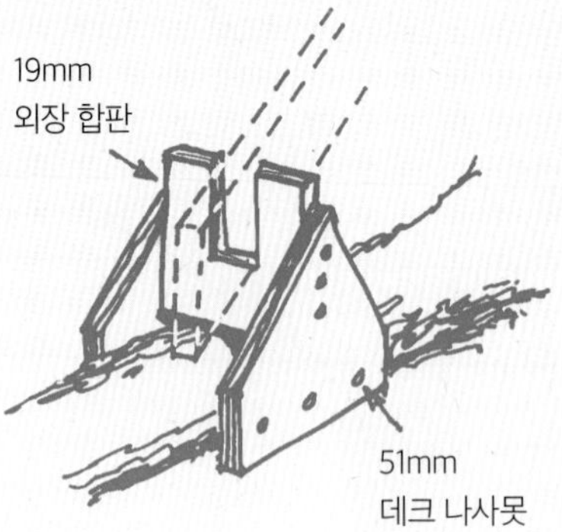

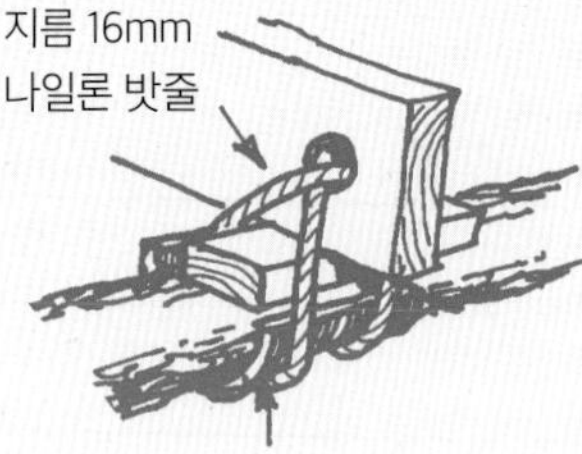

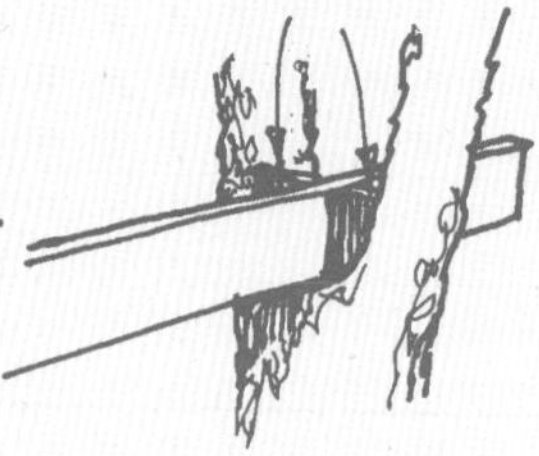

보를 나뭇가지에 수직으로 세워서 고정하려면 작은 나무토막을 쐐기 모양으로 잘라서 보와 나무 틈 사이에 끼워 넣고 비스듬히 못을 박으면 된다.

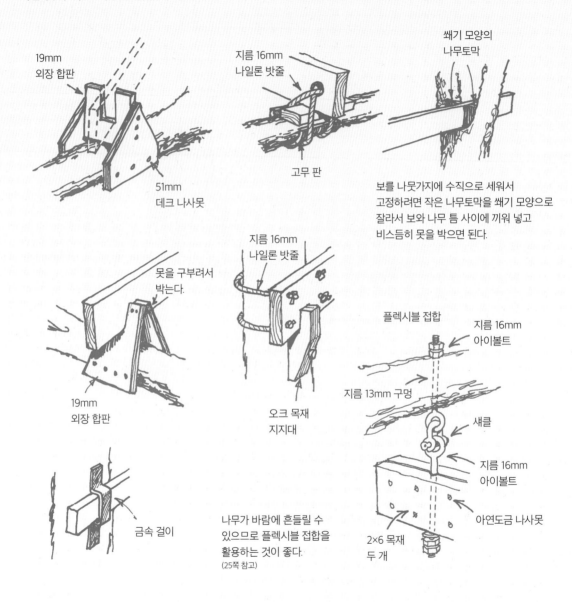

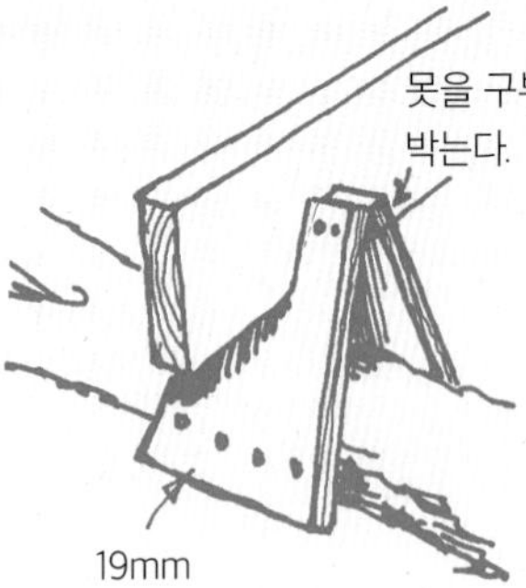

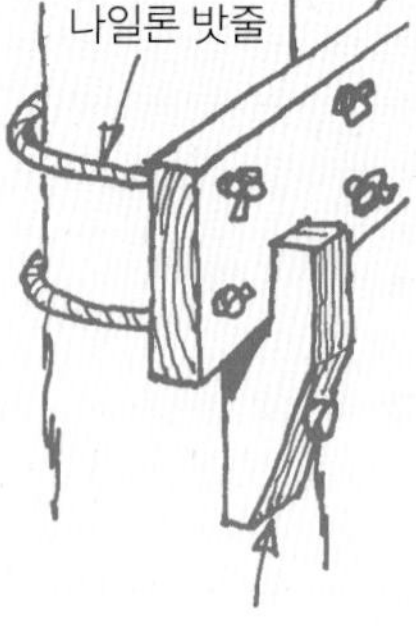

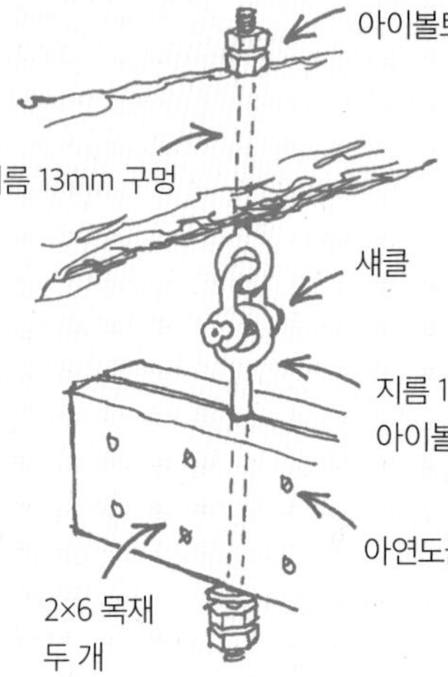

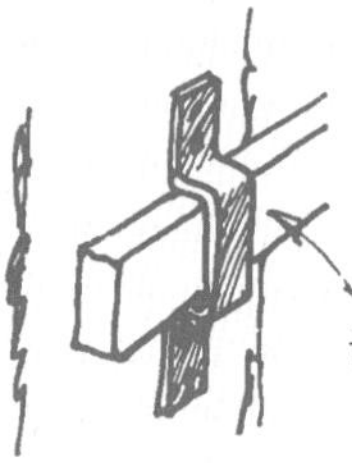

나무가 바람에 흔들릴 수 있으므로 플렉시블 접합을 활용하는 것이 좋다. (25쪽 참고)

가새를 설치하면 더 튼튼하다

트리 하우스를 튼튼하게 건축하려면 보를 지지하는 경사재인 가새를 설치해야 한다. 보와 가새가 일직선으로 서로 맞닿을 때는 직소를 사용하여 보에 홈을 파고 가새를 홈에 맞춘 후 나사못으로 가새와 보를 박아 고정한다.

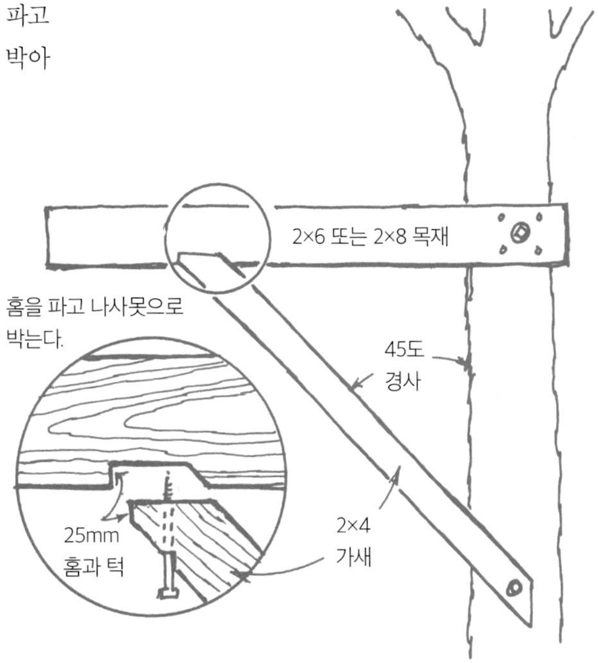

삼각형 구조는 형태가 잘 변하지 않지만, 직사각 형태는 변형될 수 있다. 경사재인 가새를 설치하면 구조물을 더 튼튼하게 받칠 수 있다. 사각 형태 가새보다 삼각 형태 가새가 더 튼튼하다.

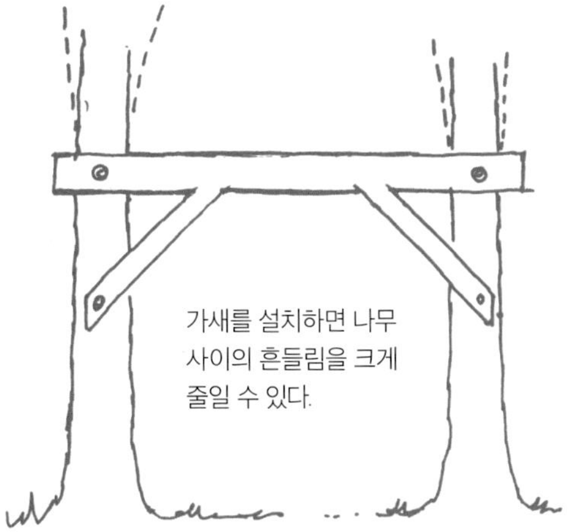

삼각 형태의 가새를 설치하여 바닥을 튼튼하게 만든다.

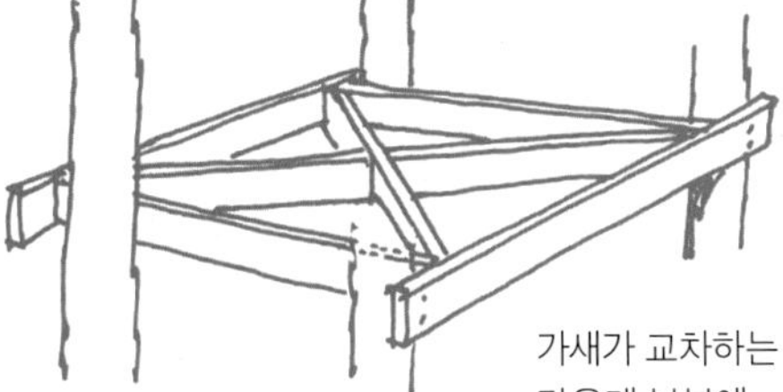

가새가 교차하는 가운데 부분에 홈을 판다.

기둥을 사용하려면 반드시 방부 처리를 한다

나무 기둥을 세워 트리 하우스를 지을 계획이라면 다음의 내용을 숙지하자.
기둥을 땅에 박은 후에 건부병에 걸려 기둥이 말라서 썩거나 나무를 갈아 먹는 흰개미의 습격을 받게 되면 기둥이 쉽게 무너질 수 있다. 건부병에 걸리거나 흰개미가 습격하는 현상은 새로운 식물에 영양분을 공급하려고 유기물이 본래 상태로 돌아가는 자연의 방식이다. 이 때 신속하게 조치하지 않으면 기둥은 1년도 안 되서 흔들릴 것이다.

흰개미나 다른 목재 해충의 피해를 예방하는 가장 좋은 방법은 잘 부패하지 않는 목재를 사용하는 것이다. 사용 선호도가 높은 목재는 아카시아 나무, 레드우드, 노송나무, 삼나무가 있다. 아카시아 나무를 구할 수 없다면 적어도 한 세대 정도는 버틸 수 있는 4×4 건축용 레드우드를 사용한다. 기둥용 목재를 구매하기 전 목재 한 곳에 옹이가 많지는 않은지 자세히 확인한다.

부패하지 않게 약품 처리한 방부목을 기둥용 목재로 사용하는 것도 한 방법이다. 방부목의 수명은 약 30년인데, 다음의 주의 사항을 지켜 트리 하우스를 건축한다면 오랫동안 지낼 수 있는 튼튼한 트리 하우스를 만들 수 있다.

부패에 강한 목재를 사용하지 않을 경우 기둥을 목재 방부제에 밤새 담가 방부 처리를 해야 한다. 땅을 파서 기둥을 박을 때 기둥이 흔들리지 않게 콘크리트를 구멍에 붓는다. 시멘트는 나무 기둥이 흔들리지 않게 붙잡는 역할을 한다. 구멍 바닥에는 배수가 잘 되게 자갈을 깔고 그 위에 납작한 돌을 얹어 하중을 분산시킨다. 나무는 수축하기 때문에 몇 달이 지나면 나무와 시멘트 사이에 균열이 생길 수 있다. 균열이 생긴 부분에 접착제를 발라 틈새를 메운다.

기둥 밑 부분을
타르로 칠한다.
TAR

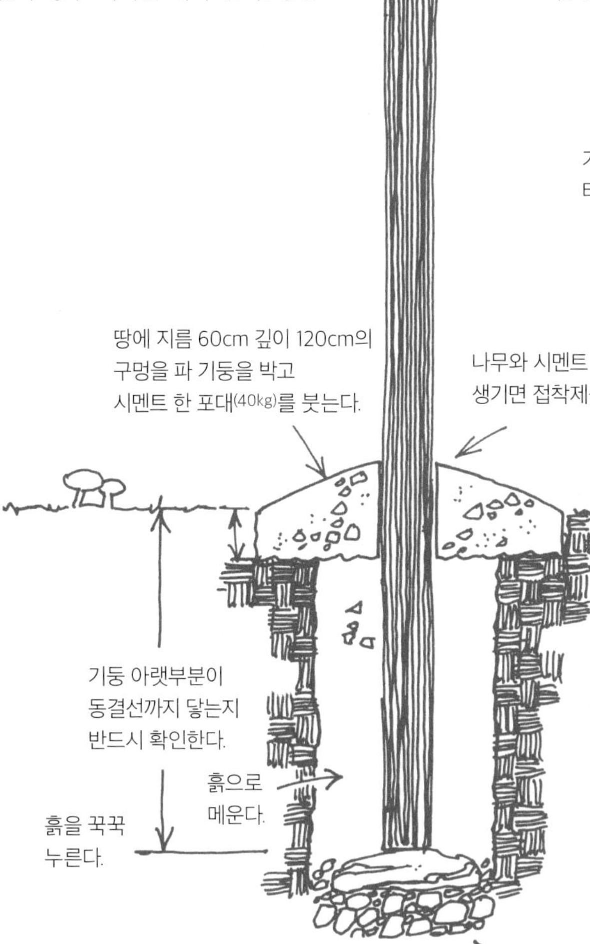
땅에 지름 60cm 깊이 120cm의
구멍을 파 기둥을 박고
시멘트 한 포대(40kg)를 붓는다.
나무와 시멘트 사이에 균열이
생기면 접착제를 발라 메운다.
기둥 아랫부분이
동결선까지 닿는지
반드시 확인한다.
흙으로
메운다.
흙을 꾹꾹
누른다.
바닥의 자갈 위에 큰 돌을 얹고
그 위에 기둥을 올린다.

액체가 표면장력에 의해 이동하는 현상인
모세관 작용으로 물이 기둥 끝 절단면에 닿아
스며들기도 하는데 이를 방지하기 위해
절단면을 프로판 토치로 가열하고
그 부분에 촛농을 떨어뜨려 놓는다.

바닥과 벽은 바람과 빛이 잘 통해야 한다

바닥

트리 하우스에 습기가 많으면 벌레가 많이 꼬이고 잘 썩는다. 트리 하우스의 벽, 창문, 지붕에 방수 공사를 하지 않는다면 마루판을 설치하듯이 6mm 간격을 두고 바닥용 목재를 깔아 놓는 것이 좋다. 그렇게 해야 트리 하우스에 물이 들어왔을 때 빨리 빠져 나갈 수 있다. $\frac{5}{4}$×6 규격 #2(호) 삼나무와 같은 바닥재용 목재를 사용하고 그 아래쪽에 40~60cm 간격으로 지지용 장선을 설치한다. 못으로 장선과 바닥재용 목재를 박아 고정한다.

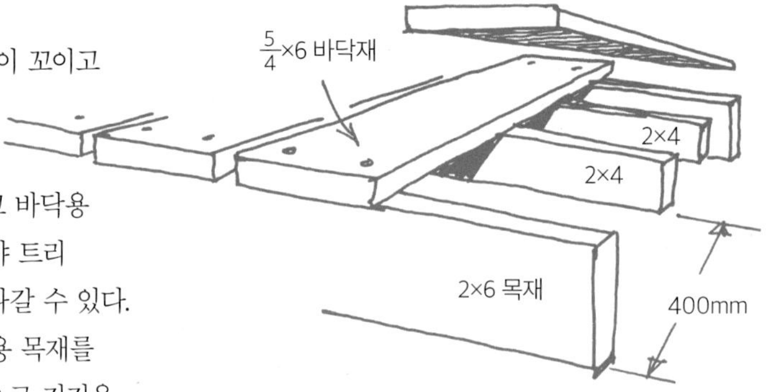

벽

외장재 및 창문과 문을 지탱할 수 있게 2×3 목재나 2×4 목재로 벽 골조를 세운다. 벽은 수직이나 수평 외장재로 만드는데, 비늘판이나 지붕널로도 벽을 만들 수 있지만 먼저 합판 덮개재를 사용하여 벽을 세운다. 벽을 절반만 세우면 바람이 더 잘 통하고 빛도 더 많이 들어온다.

지붕에는 방수재를 덮는다

목조 지붕은 비에 젖지 않게 지붕에 방수 처리를 해야 한다. 트리 하우스 지붕은 타르지로도 충분히 방수되고 방수 효과도 몇 년간 지속된다. 타르지보다 더 두꺼운 지붕 방수재인 롤루핑이나 아스팔트 지붕널을 덮으면 방수에 더 효과적이다. 비싼 자재로 매우 근사하게 만든 지붕일 경우에는 나무판자를 기와처럼 얹은 형태로 지붕을 완성할 수도 있다.

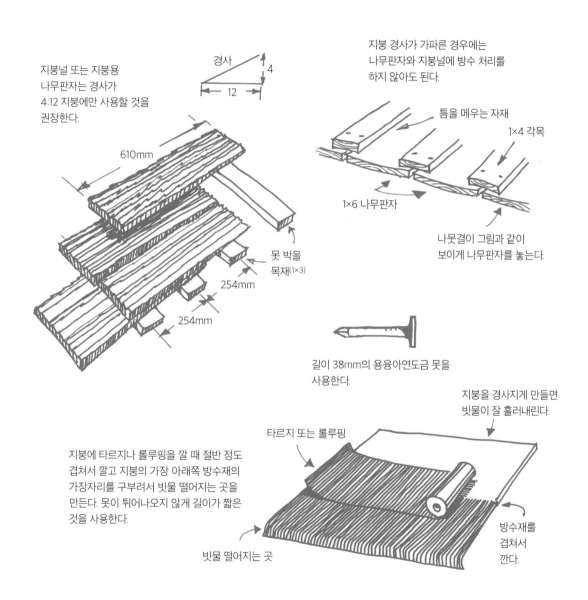

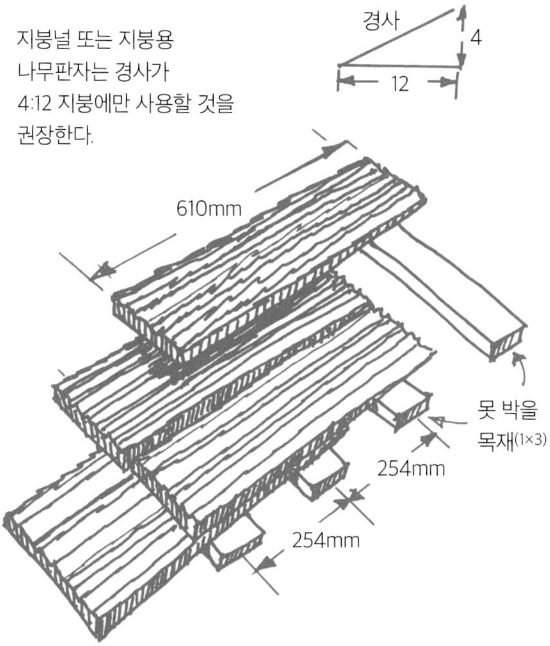

지붕널 또는 지붕용
나무판자는 경사가
4:12 지붕에만 사용할 것을
권장한다.
경사
4
12
610mm
못 박을
목재(1×3)
254mm
254mm

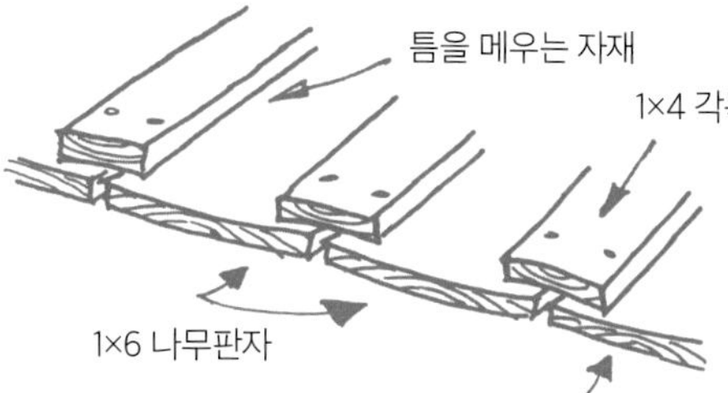

지붕 경사가 가파른 경우에는
나무판자와 지붕널에 방수 처리를
하지 않아도 된다.
틈을 메우는 자재
1×4 각목
1×6 나무판자
나뭇결이 그림과 같이
보이게 나무판자를 놓는다.

길이 38mm의 용융아연도금 못을
사용한다.

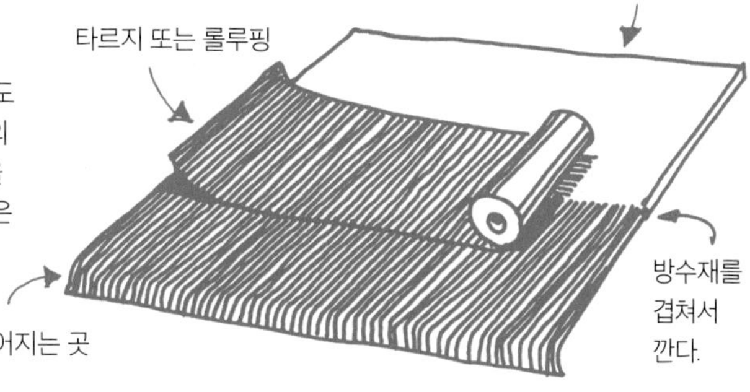

지붕을 경사지게 만들면
빗물이 잘 흘러내린다.
타르지 또는 롤루핑
지붕에 타르지나 롤루핑을 깔 때 절반 정도
겹쳐서 깔고 지붕의 가장 아래쪽 방수재의
가장자리를 구부려서 빗물 떨어지는 곳을
만든다. 못이 튀어나오지 않게 길이가 짧은
것을 사용한다.
방수재를
겹쳐서
깐다.
빗물 떨어지는 곳

난간 높이와 고정 방법이 안전을 좌우한다

난간 높이는 트리 하우스에 거주할 사람의 키에 맞춰 결정한다. 주로 아이들이 트리 하우스를 사용할 경우라면 난간을 높게 만들지 않는다.

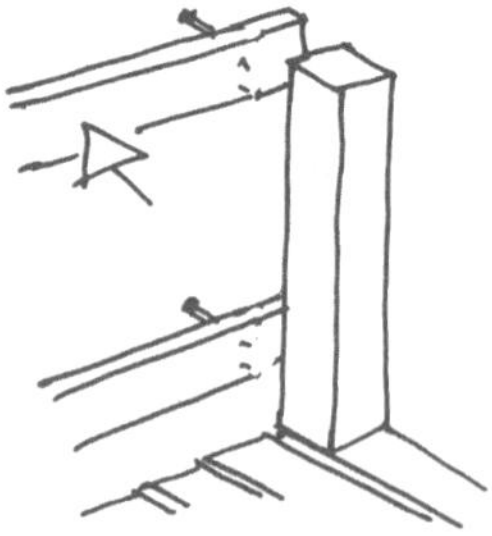

나쁜 예

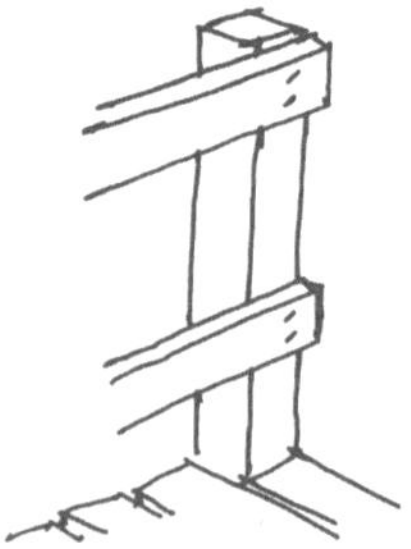

좋은 예

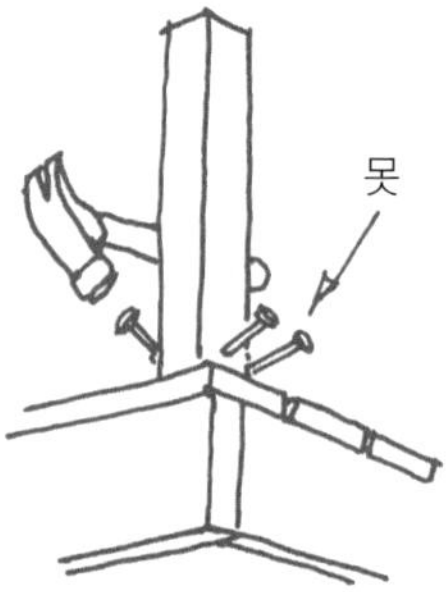

나쁜 예

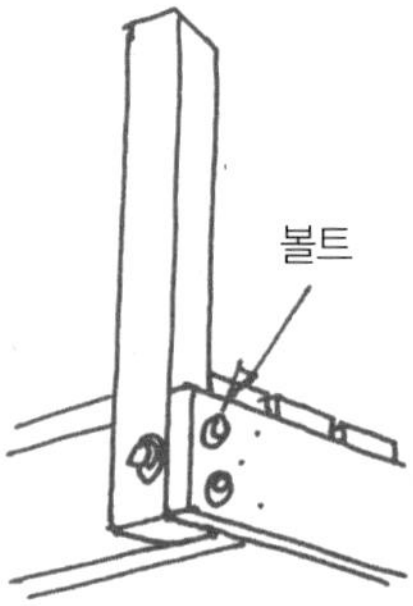

좋은 예

가능하면 나무 기둥 안쪽에 난간을 설치한다. 그렇게 하지 않으면 못으로 고정한 부분이 헐거워지면서 난간이 떨어져 나갈 수 있다.

기둥을 마루판에 박을 때 못을 비스듬히 박지 않는다. 대신 땅에 기둥을 세우거나 바닥 골조에 기둥을 세워 볼트로 고정한다.

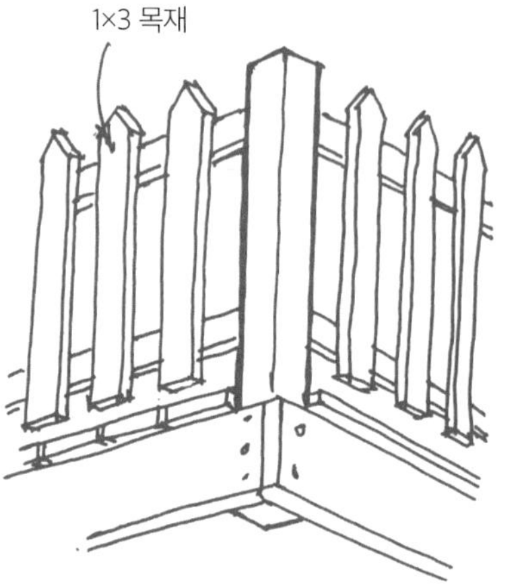

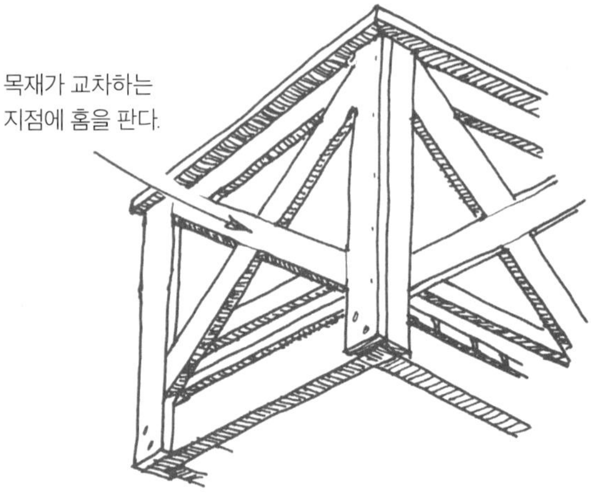

끝이 뾰족한 난간은 사생활을 보호하고 안전을 보장한다.

1×3 가문비나무 목재를 붙여 나사못으로 박아 멋진 난간을 만든다. 튼튼한 난간을 설치하고 싶으면 삼각 형태로 만들면 된다.

문틀보다 문짝을 조금 크게 만든다

문은 다람쥐나 너구리가 트리 하우스 안으로
들어오는 것을 막고 이웃의 괴롭힘을 차단하는
역할을 한다. 아래는 문과 관련된 몇 가지 사항이다.

문틀, 문짝 등의 대각선 길이가 같은지 재서
정사각형이나 직사각형인지 확인한다.
가새는 아래쪽의 경첩을 향하게 대각으로 고정한다.

문을 쉽게 설치하려면 먼저 문짝과 문 테두리에
경첩을 단다. 그런 다음 문을 제 위치에 놓고
트리 하우스 벽에 문 테두리를 박아 고정한다.
문짝은 개구부보다 좌우 각각 13mm정도 크게 만든다.
이렇게 만들면 문이 꼭 닫혀 비가 들치지 않는다.

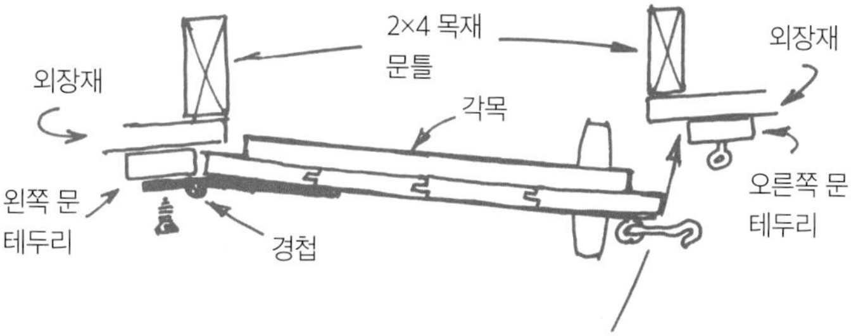

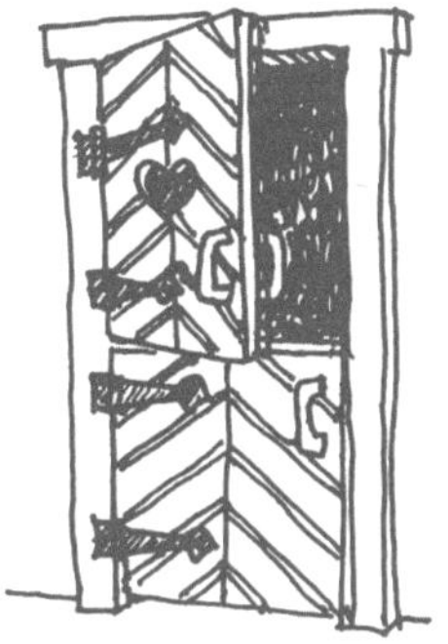

상하 2단식 문은 한쪽 나무판자에는
턱을 만들고 다른 쪽 나무판자에는
홈을 파서 물리는 제혀쪽매 방식으로
만든다. 1×4 목재를 13mm 합판에
붙이고 못으로 박는다.

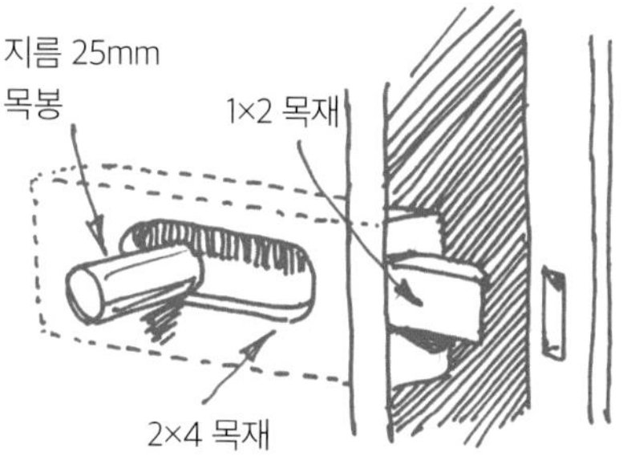

문빗장은
나무토막으로
쉽게 만들 수 있다.

창문은 많을수록 좋다

트리 하우스에 창문이 없으면 실내가 어둡고 칙칙해 보인다. 창문은 많을수록 좋지만, 창문을 설치할 때 깨질 위험이 있는 유리는 사용하지 않는다. 유리 대신 잘 깨지지 않는 플렉시 유리를 설치하거나 아예 유리창을 설치하지 않는다.

1×6 목재를 제혀쪽매 방식으로 맞물리게 만들어서 창에 덧문을 설치한다. 덧문 바깥 부분에 그림과 같은 모양의 경첩을 단다. 덧문은 문을 설치할 때와 똑같은 방식으로 만들면 된다.(63쪽 참고)

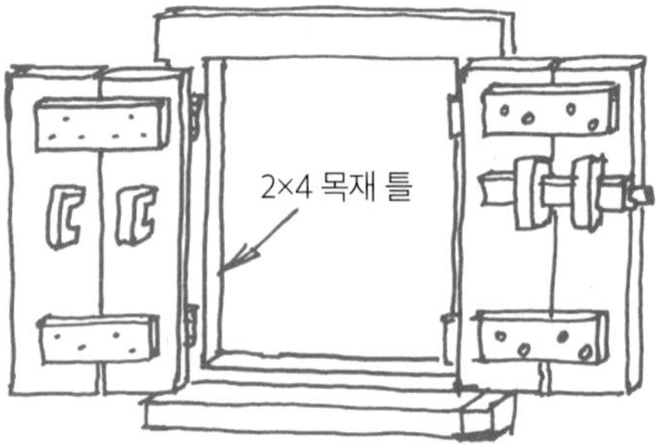

창문 안쪽에 나무 빗장을 설치한다.

2×2 삼나무와 두께 3mm 플렉시 유리로 안으로 기울어지는 창문(탈부착 가능)을 직접 만들어보라. 안으로 기울어지는 창문은 바람은 잘 들어오고 비는 들치지 않는 장점이 있다.

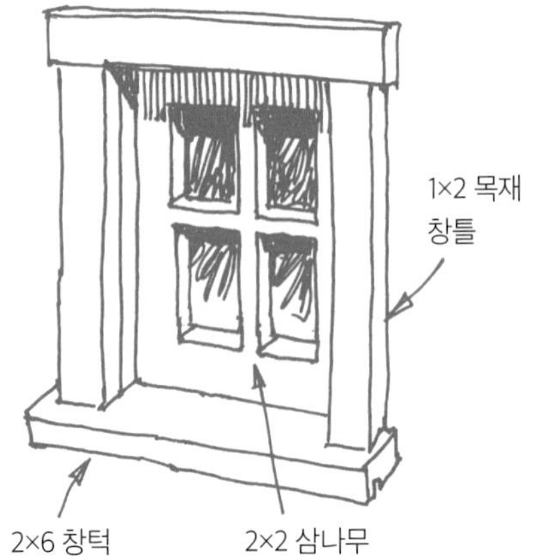

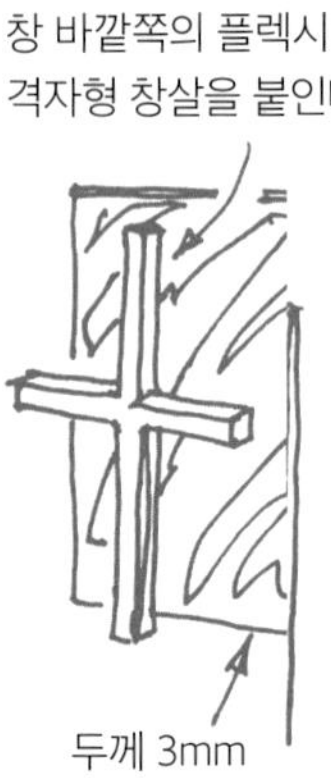

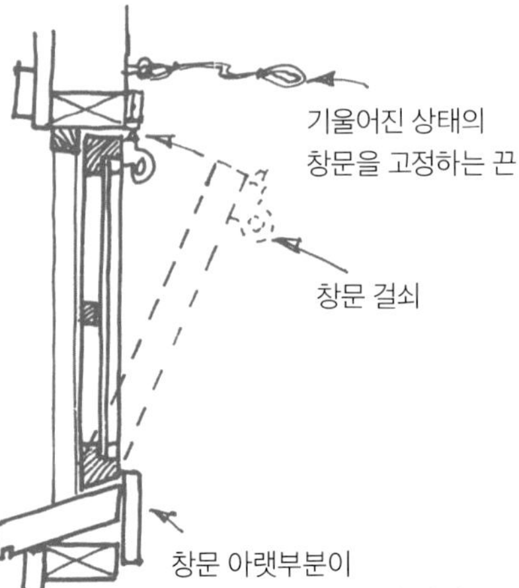

채광창이 있으면 더 밝고 쾌적해진다

채광창을 통해 창문보다 세 배 많은 빛이 실내로 들어온다. 채광창은 판매점에서 사면 비싸지만 직접 만들면 사는 것보다 비용이 훨씬 적게 든다.
채광창을 설치할 곳을 결정한 후 그 위치에 있는 서까래에 직사각형 구멍을 뚫는다. 구멍 안쪽에 2×6 목재를 대면 목재 윗부분이 지붕 위로 50mm정도 튀어나오면서 채광창 틀이 만들어 진다.

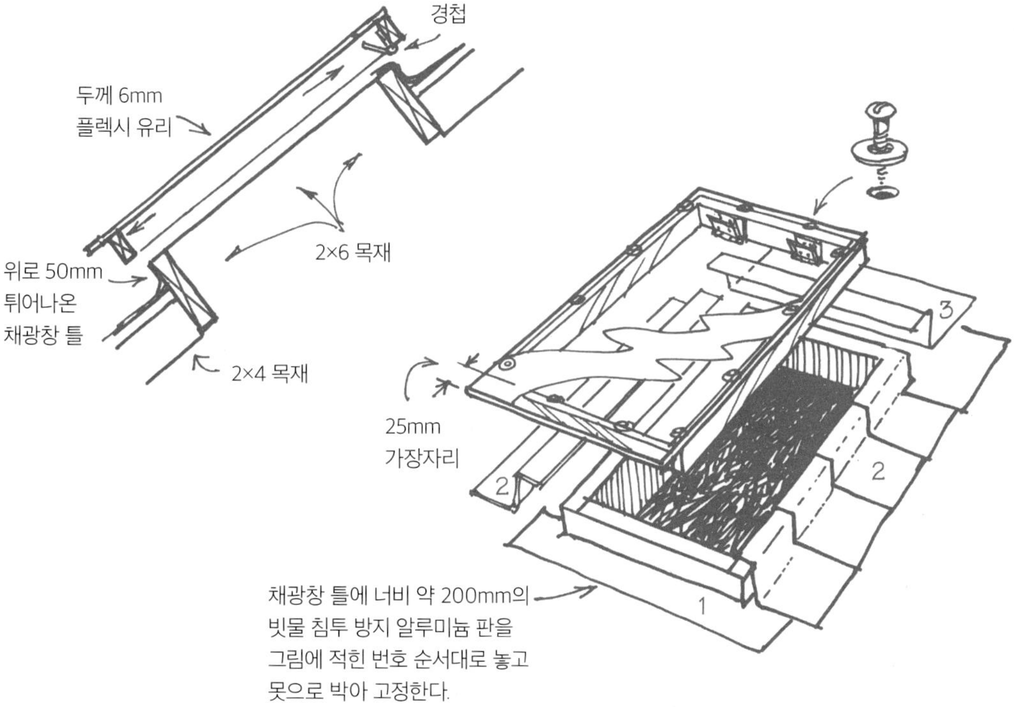

채광창 틀에 1×2 목재를 느슨하게 둘러 유리창 틀을 만든다. 두께 6mm 플렉시 유리를 창틀에 맞춰 자르는데 이때 창틀 아래 부분에 25mm정도의 가장자리를 남겨둔다. 플렉시 유리에 지름 6mm의 구멍을 뚫고 1×2 목재 유리창 틀에 나사못으로 박아 고정한다. 창틀과 플렉시 유리 틈새는 실리콘 코킹으로 메운다. 채광창을 열어 환기하거나 채광창을 통해 지붕에 올라가고 싶다면 위의 그림처럼 채광창 틀과 유리창 틀 위쪽을 경첩으로 연결해 창문을 여닫을 수 있게 만든다. 이 경우를 제외하고는 채광창 틀에 유리창 틀을 나사못으로 박아 고정한다.
작은 나무판자를 기와처럼 얹어 지붕을 만들었다면 나무판자 사이에 빗물 유입 방지 판을 깐다.

건축 작업 시 유용한 팁

- 사용할 못을 선택할 때 기억해야 할 사항은 나사못이 못보다 두 배 더 강하고 볼트가 나사못보다 두 배 더 강하다는 점이다.

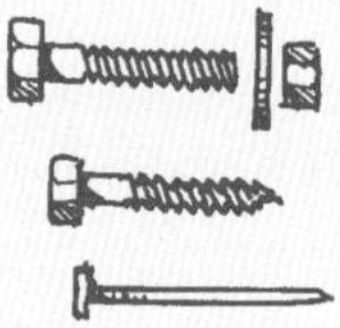

- 박힌 볼트를 제거할 때 금속 망치로 볼트 끝을 절대로 치지 않는다. 나삿니가 손상되어 사용하지 못할 수 있다.

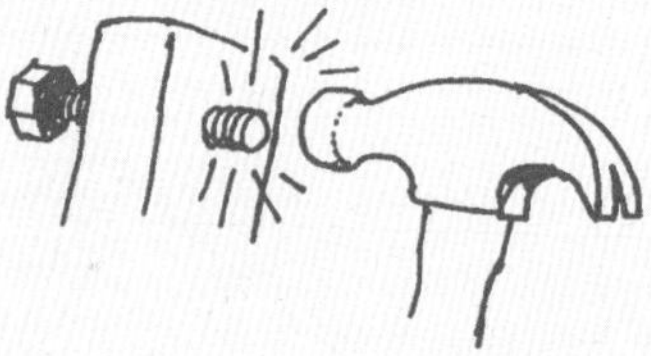

- 4×4 목재 한 장을 단독으로 사용하는 것보다 2×4 목재 두 장을 못으로 박아 사용하는 편이 훨씬 안전하다. 목재에 약한 부분이 있을 수 있는데, 목재 두 장을 겹쳤을 때 같은 곳이 약한 부분이 되기는 힘들기 때문이다.

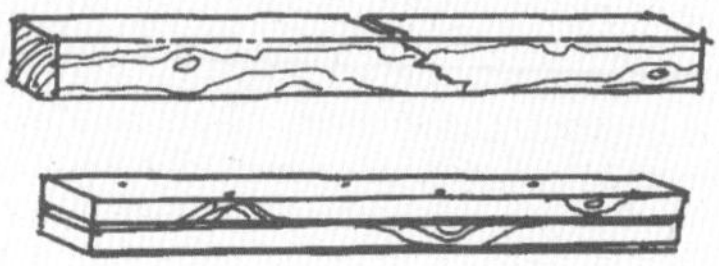

- 옹이가 있는 부분을 아래쪽에 놓지 않는다. 옹이로 인해 나무판자가 쪼개질 수 있기 때문이다.

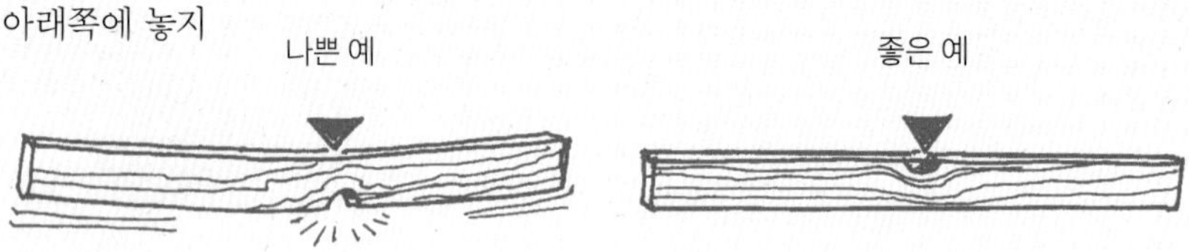

- 망치와 끌을 사용하여 쐐기 모양의 나무토막을 만들어서 나무와 보 틈새에 넣고 건축용 접착제로 붙이면 나무에 보를 단단히 고정할 수 있다.

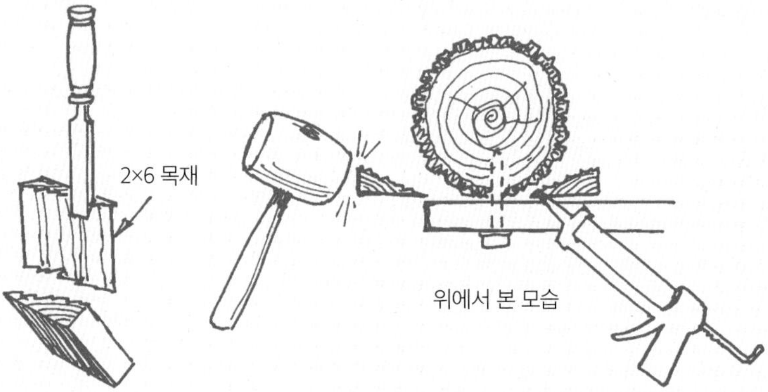

• 손에 건축용 접착제가 묻으면 즉시 물로 씻어 낸다. 바로 손을 씻지 않으면 접착제가 며칠간 손에서 떨어지지 않을 수도 있다.

• 나무판자를 나무에 박기 전에 나무판자에 나사못 지름보다 큰 파일럿 구멍을 뚫는다. 참나무나 단풍나무처럼 단단한 나무일 경우에는 나사못 지름보다 약간 작은 구멍을 나무에 뚫는다.

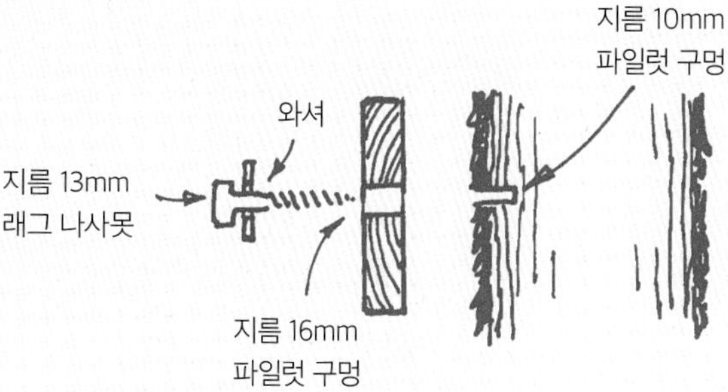

• 트리 하우스 거주자 수에 맞춰 창문과 문, 난간 등을 설치한다. 주로 어린아이들이 트리 하우스를 사용할 예정이라면 2m나 되는 표준 크기의 문을 굳이 설치할 필요는 없다.

• 모든 나무가 다 수직으로 곧게 뻗어 있지 않기 때문에 쐐기 모양의 나무토막으로 나무와 보 틈새를 메워야 할 경우도 생긴다.

트리 하우스 기본 디자인 다섯 가지

3

1 나무 한 그루 위에 짓는 트리 하우스
2 나무 두 그루 위에 짓는 트리 하우스
3 나무 세 그루 위에 짓는 트리 하우스
4 나무 두 그루와 기둥 두 개 위에 짓는 트리 하우스
5 전망용 트리 하우스

나무 한 그루 위에 짓는 트리 하우스 1

전(田)자형 바닥 골조 제작

1 나무줄기를 사이에 두고 2×6 목재 두 장을 마주 보게 배치한 후 못으로 박는다. 목재는 반드시 수평을 이뤄야 한다. 2m가 넘는 목재는 사용하지 않는다.

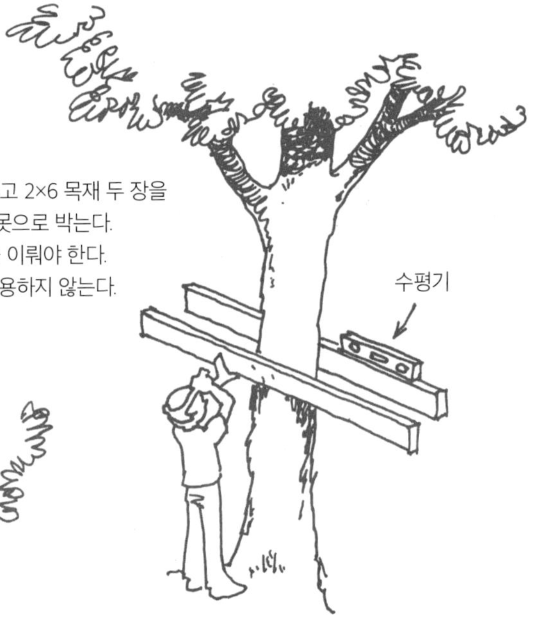

2 나무에 수평으로 고정한 2×6 목재 위에 같은 크기의 목재 두 장을 직각으로 놓고 못으로 고정한다.

3 바닥 골조가 수평이 되었는지 다시 한번 확인하고 그림과 같이 2×6 목재를 정사각형 모양으로 놓고 못으로 박아 고정한다. 바닥 골조 아랫부분에 가새를 설치하기 전에는 절대로 바닥 골조 아래에 서 있지 않는다.

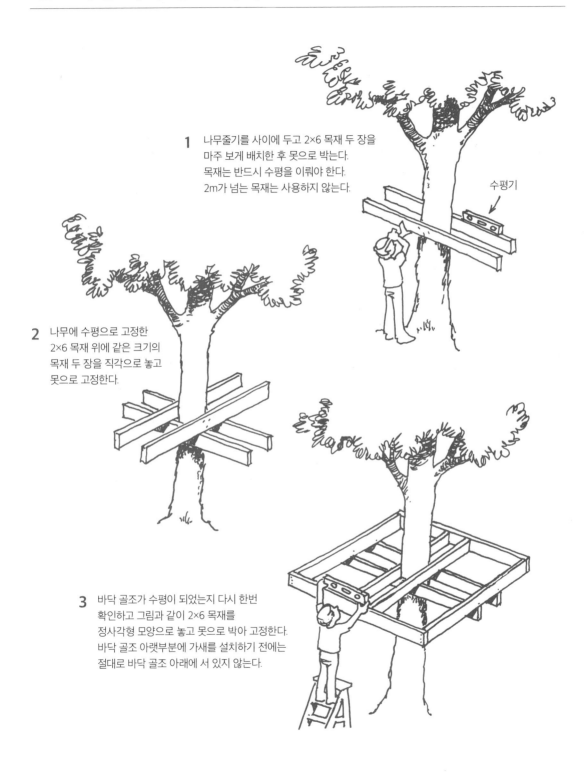

네 개의 모서리 가새

그림에서 보이는 것처럼 가새가 모서리 부분과 맞물리게 2×4 목재를 잘라 가새 네 개를 만든다. 나무 모양이 다 다르기 때문에 가새의 길이도 그에 맞춰 잘라야 한다.

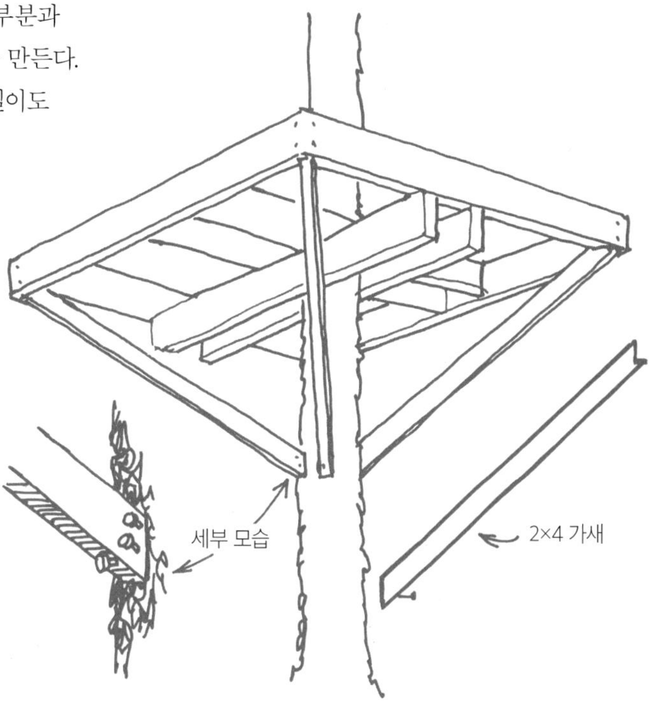

1 두 개의 각을 내 자른다.

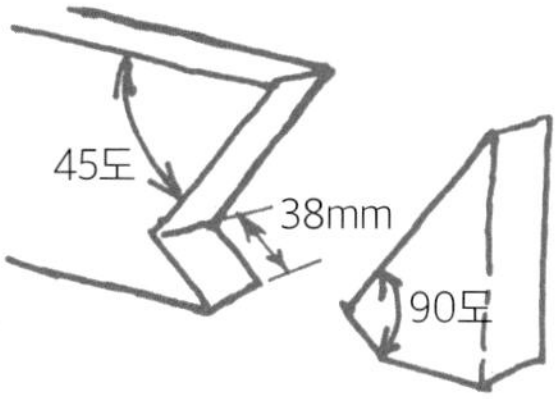

2 가새가 골조 모서리에 딱 들어맞을 수 있게 가새 끝을 45도로 자른다.

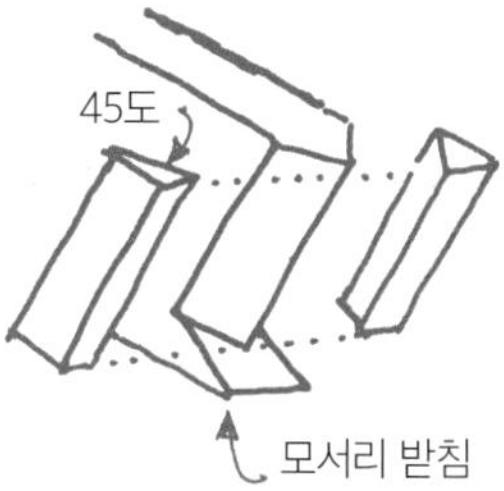

3 바닥 골조 모서리 안쪽에 가새를 끼워 넣고 못으로 박는다.

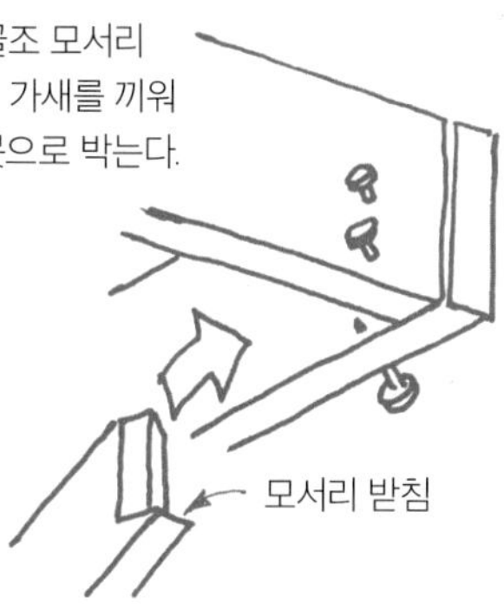

바닥 골조 모서리를 위에서 본 모습

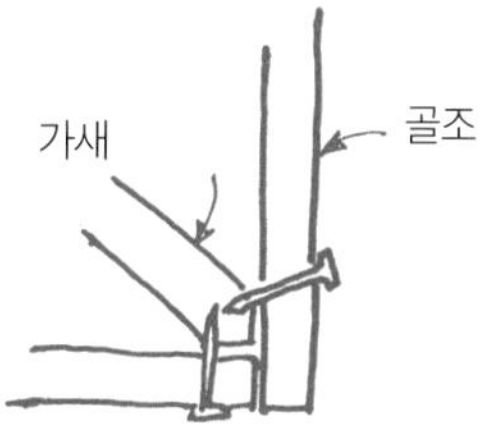

나무와 간격 두고 바닥 판 설치

정사각형 골조 안쪽에 2×4 받침목을 설치하여
40cm가 넘는 공간이 생기지 않게 한다.

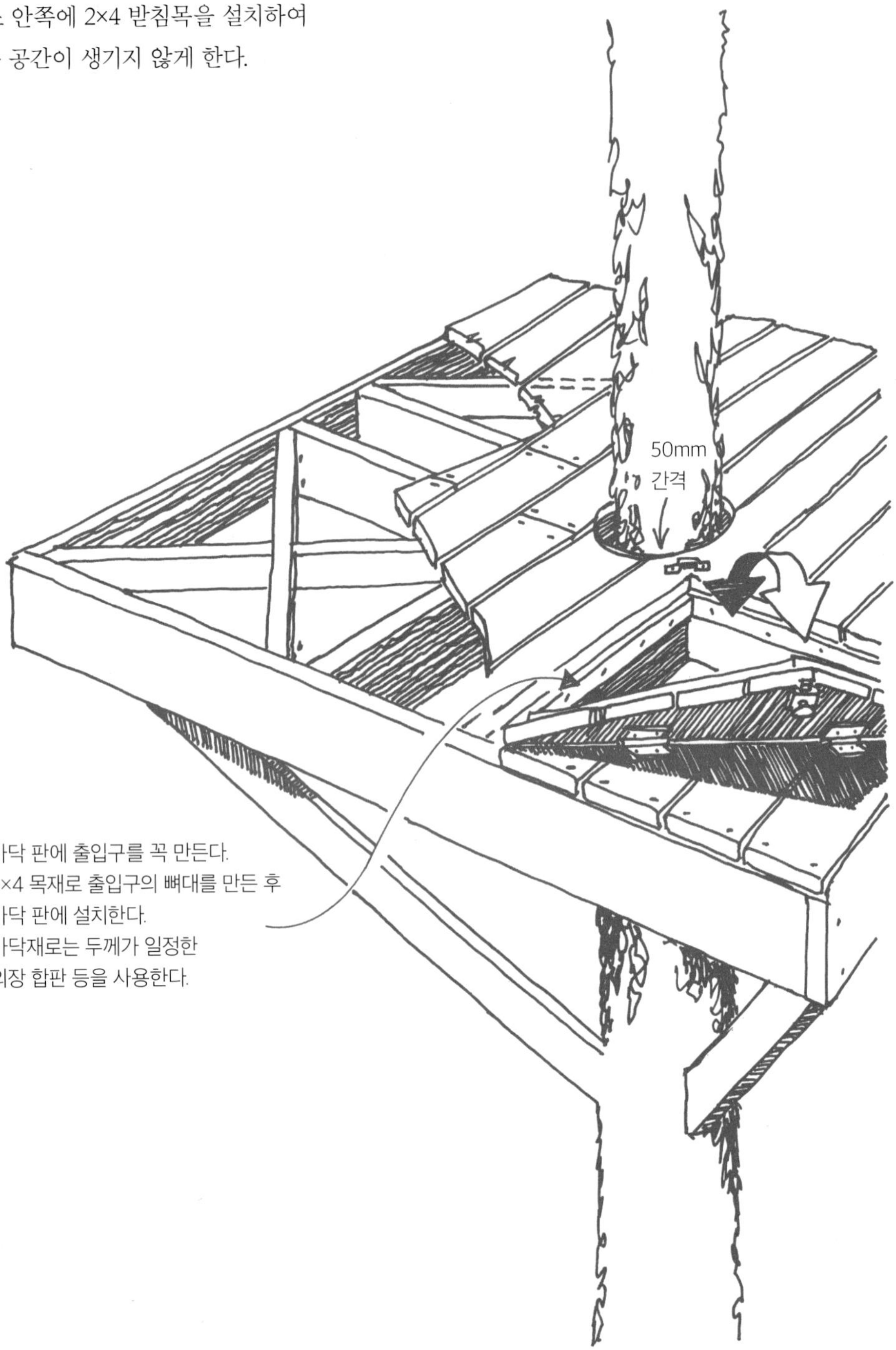
50mm
간격
바닥 판에 출입구를 꼭 만든다.
2×4 목재로 출입구의 뼈대를 만든 후
바닥 판에 설치한다.
바닥재로는 두께가 일정한
외장 합판 등을 사용한다.

모서리에 기둥 세우고 골조 작업

모서리 기둥은 4×4 목재나 2×4 목재 두 장을
못을 박아 사용한다.

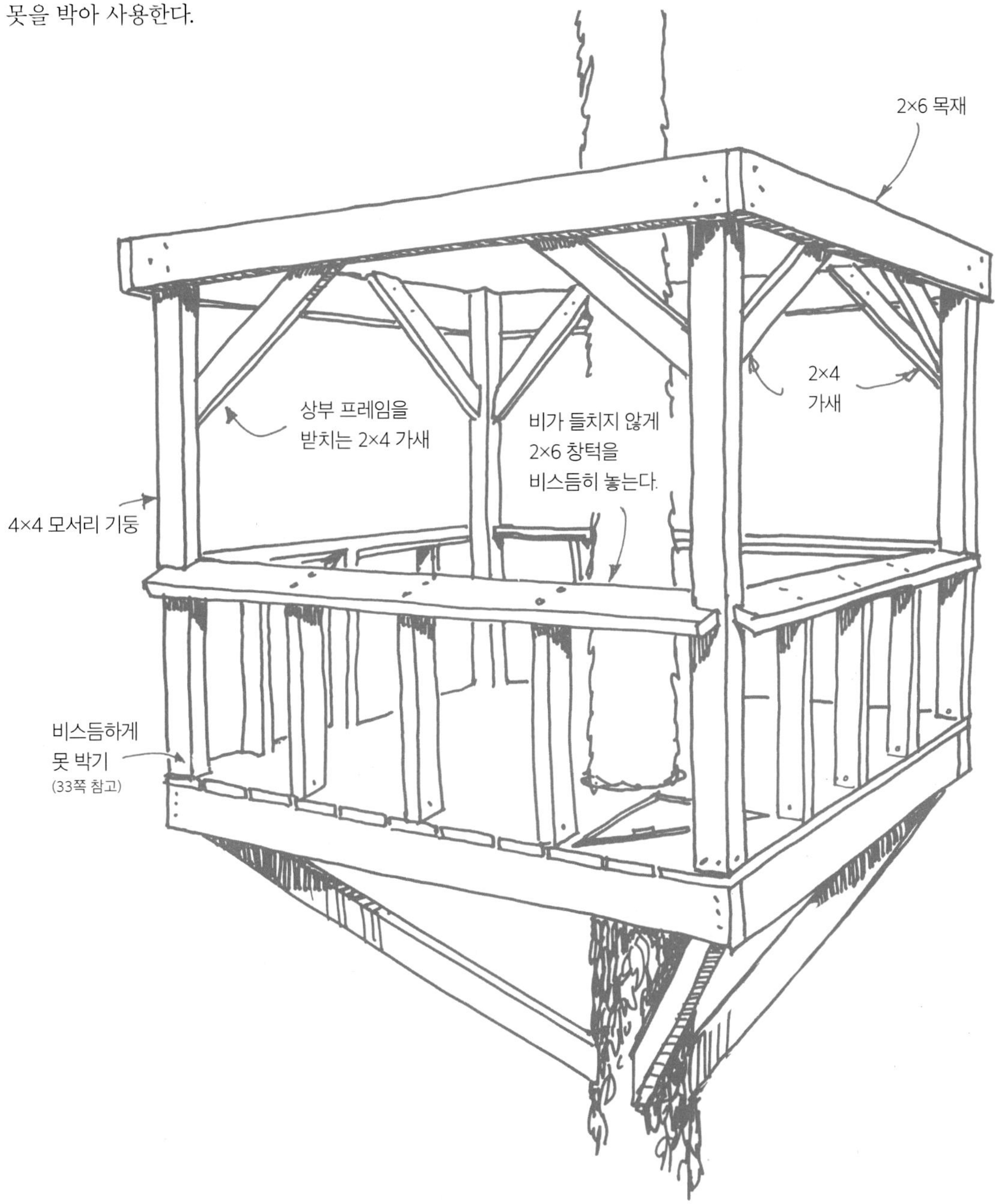

나무판자를 겹쳐 덮어 벽 설치

합판이나 스크랩 우드로 벽을 세우고 지붕널로 덮는다. 또는 합판이나 물막이용 비늘판으로 그림과 같이 벽을 만들 수도 있다.

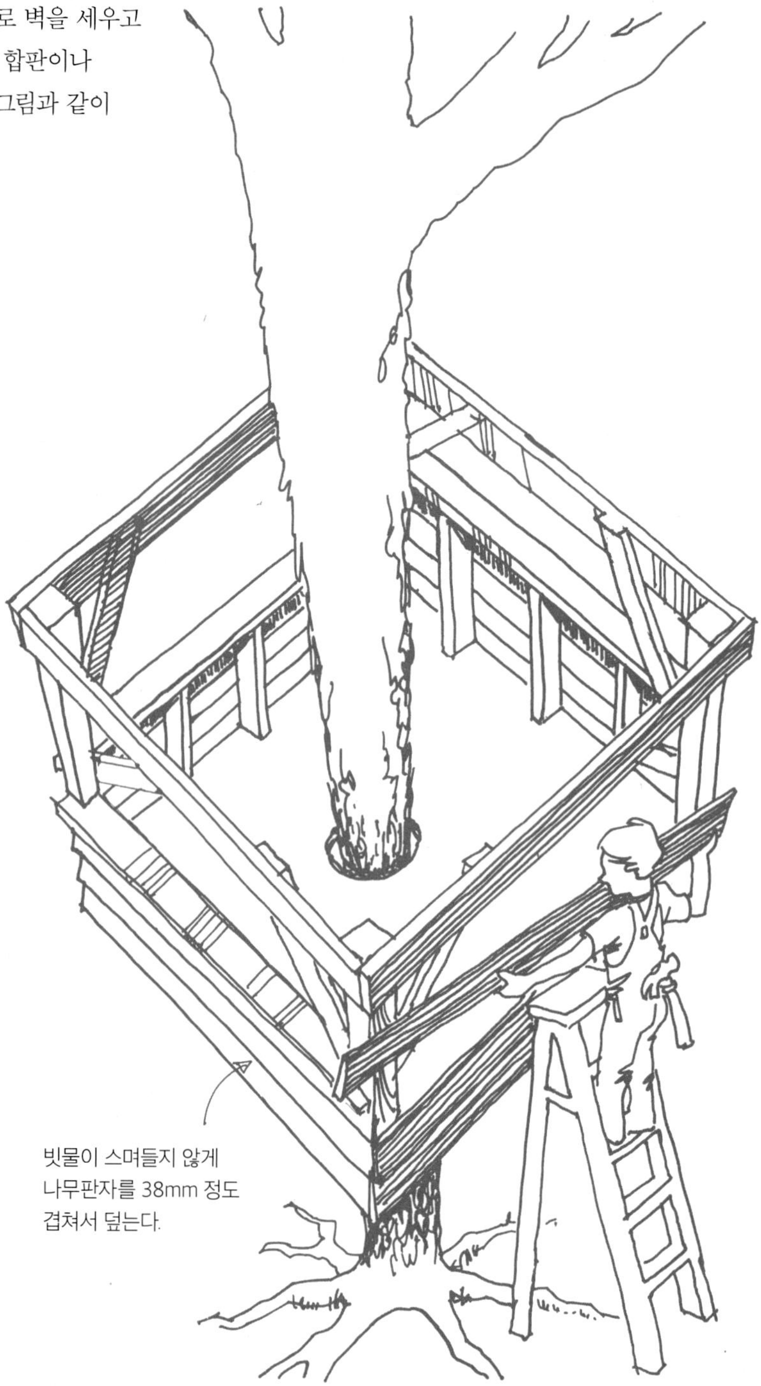

빗물이 스며들지 않게
나무판자를 38mm 정도
겹쳐서 덮는다.

지붕 골조는 모서리 부분 먼저 설치

모서리 부분에 놓을 서까래를 먼저 걸치고 그 후에 나머지 서까래를 걸친다. 서까래를 가로질러 1×4 목재를 놓고 못으로 고정하여 지붕 덮개를 씌울 표면을 만든다. 지붕 꼭대기에 생긴 틈은 시멘트로 메운다. 지붕과 관련된 자세한 사항은 61쪽을 참고한다.

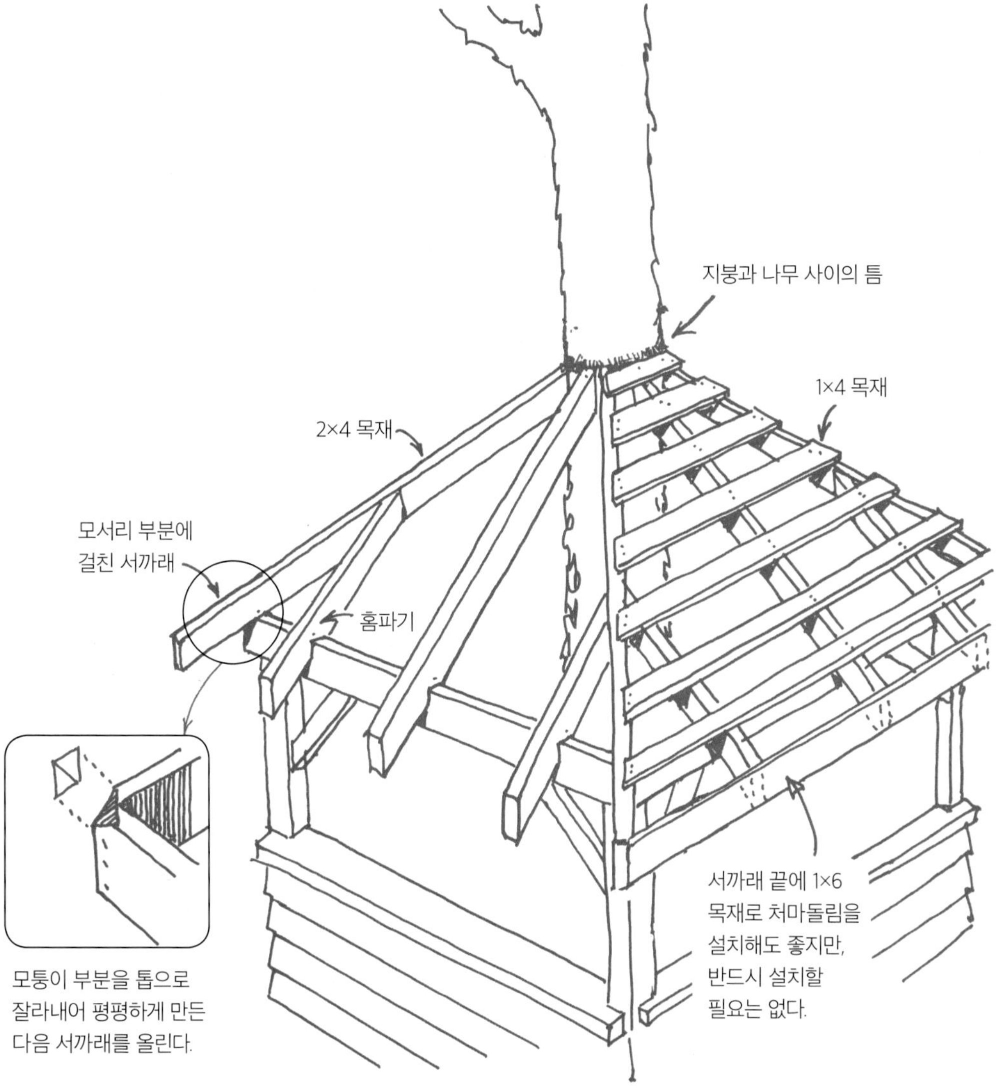

나무 두 그루 위에 짓는 트리 하우스 2

나무 사이에 보 두 개 연결

래그 나사못으로 2×6 보 두 개를 나무 두 그루에 박아 연결한다. 두 나무는 모두 지름이 17cm 이상은 되어야 하고 두 나무 사이 간격은 1.8~2.4m가 되어야 트리 하우스를 짓기에 좋다. 만약 나무가 강한 바람을 많이 맞는다면 25쪽과 56쪽의 내용을 참고하여 플렉시블 접합으로 나무에 보를 설치한다.

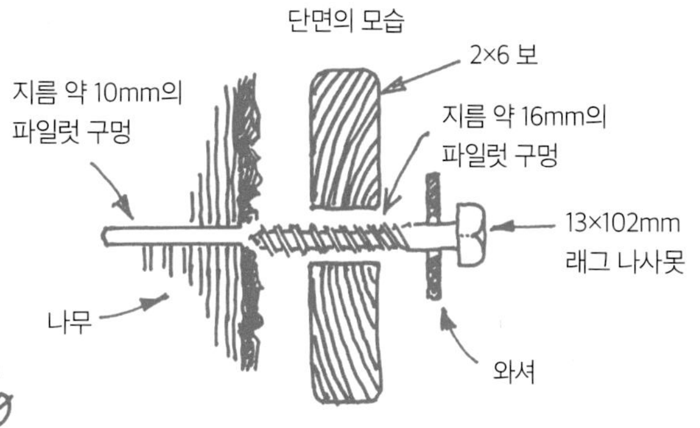

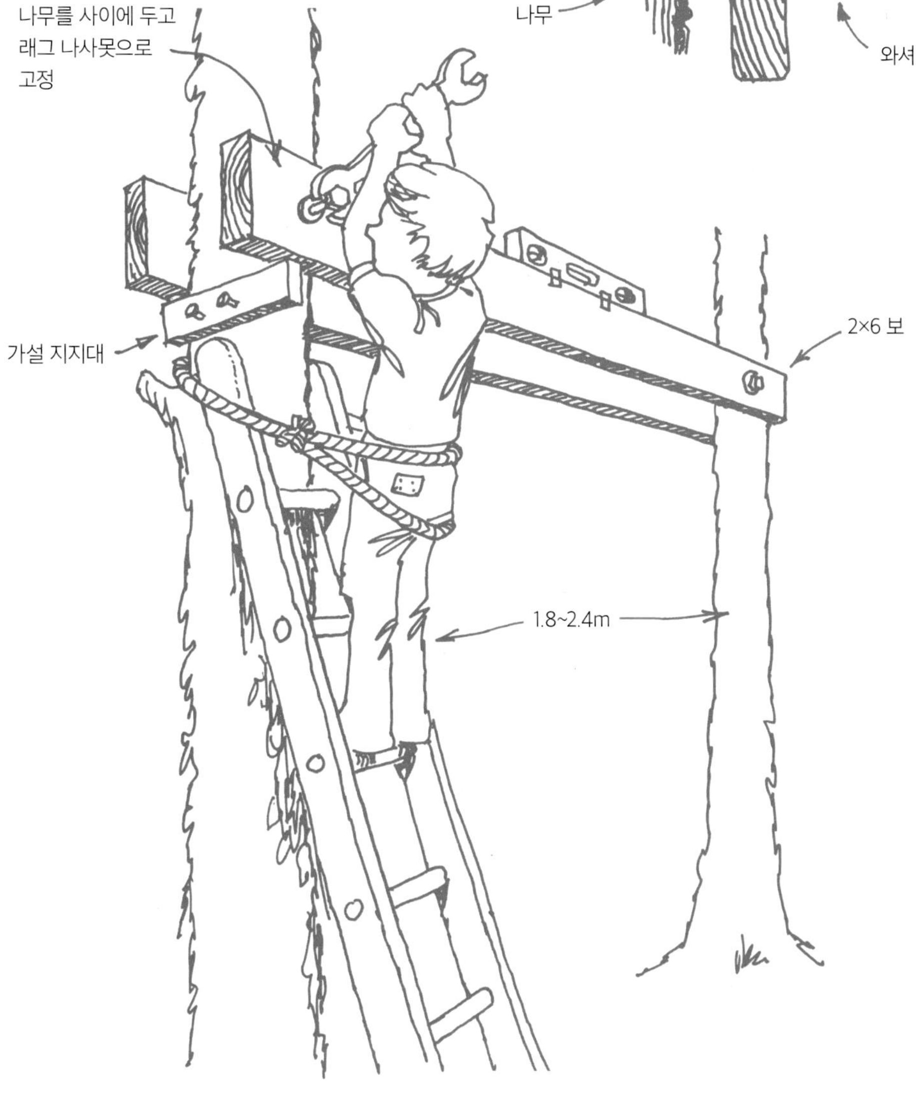

삼각형 골조와 가새 부품 제작

2×4 목재를 길이 1,830mm로 여섯 개를 잘라 삼각형 골조 두 개를 만든다. 삼각형 골조의 위쪽 꼭짓점에서 만나는 두 부재가 서로 겹칠 수 있게 두 부재의 윗부분에 반턱을 만든다. 삼각형 골조 모서리마다 지름 13mm의 구멍을 뚫고 삼각형 골조 밑변 양 끝은 캐리지(근각) 볼트로 고정한다.

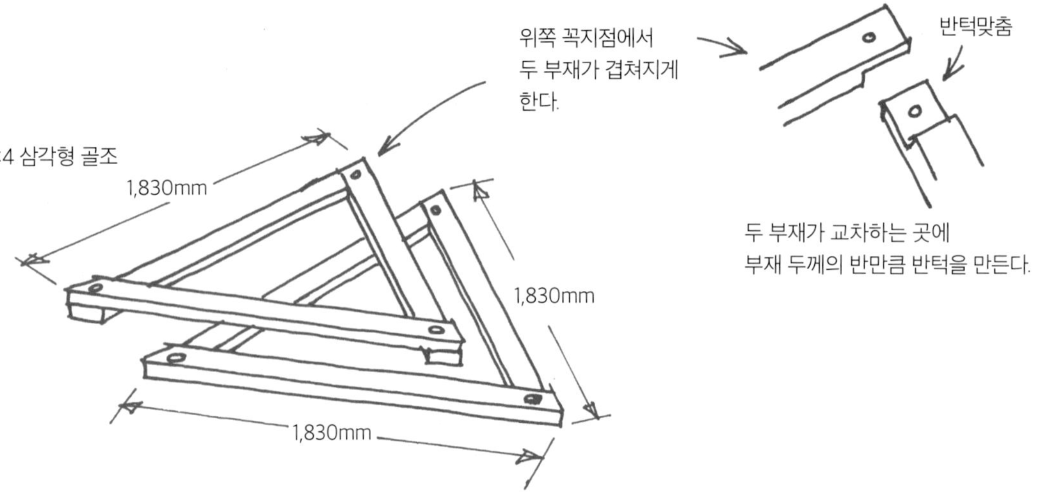

보를 지탱하는 가새를 만들려면 전동 직소를 사용하여 두께 19mm의 4×8 외장 합판에서 여덟 개의 삼각형 조각을 잘라낸다. 잘라낸 삼각형 조각을 두 개씩 붙여 못으로 고정하여 총 네 쌍의 삼각형 조각을 만든다. 삼각형을 자르고 남은 외장 합판은 바닥 판 일부로 활용할 수 있으니 남겨둔다.

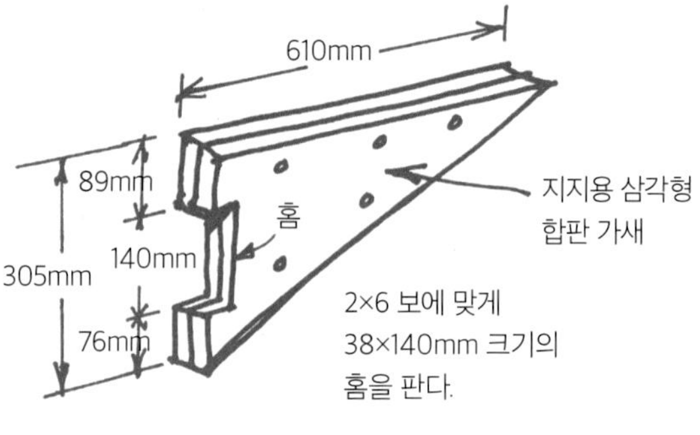

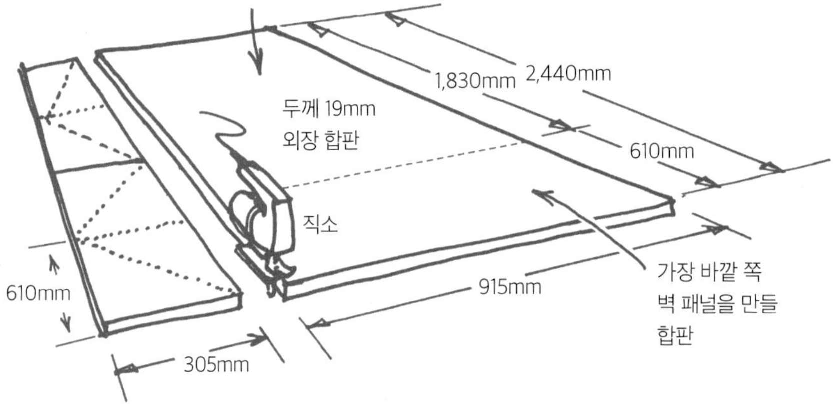

삼각형 골조 조립

두 개의 삼각형 골조 윗부분을 연결할 지붕 마룻대는 2×4 목재를 잘라 만든다. 래그 나사못으로 지붕 마룻대를 삼각형 프레임 양쪽 꼭짓점에 박아 고정한다. 지붕 마룻대를 박아 완성한 골조를 2×6 보 위에 올린 후 합판으로 만든 삼각형 가새를 제 위치에 놓고 못으로 박는다.

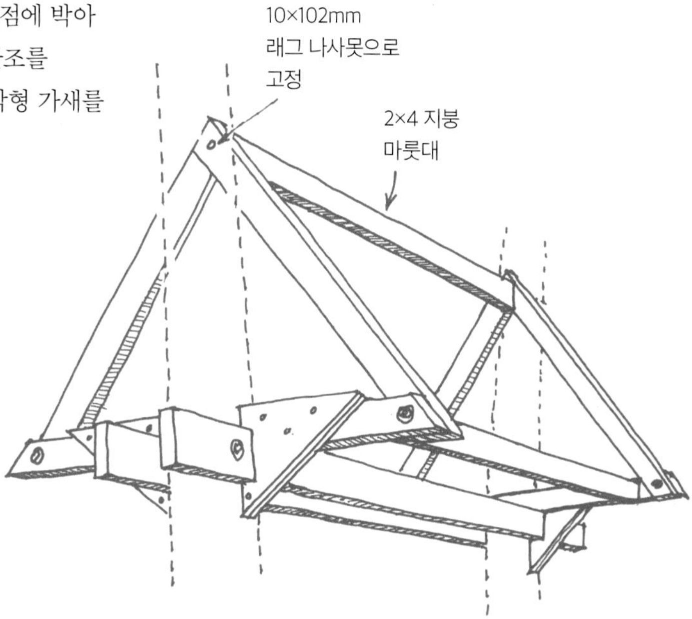

바닥 골조에는 2×4 목재를 사용하고 창문틀에는 2×3 목재를 사용하여 그림과 같은 형태로 만든다.

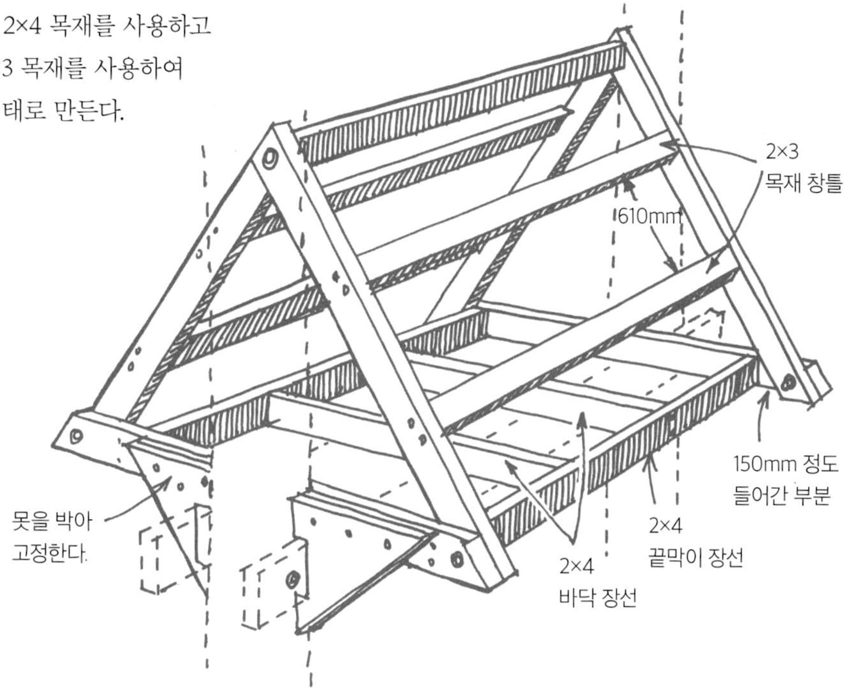

바닥, 벽, 지붕에 합판 부착

바닥과 벽 패널은 19mm 두께의 4×8 외장 합판 두 장을 잘라 만든다. 트리 하우스 바닥에 홈을 파서 손잡이를 만들어 놓으면 쉽고 안전하게 사다리 꼭대기에서 트리 하우스에 오를 수 있다.

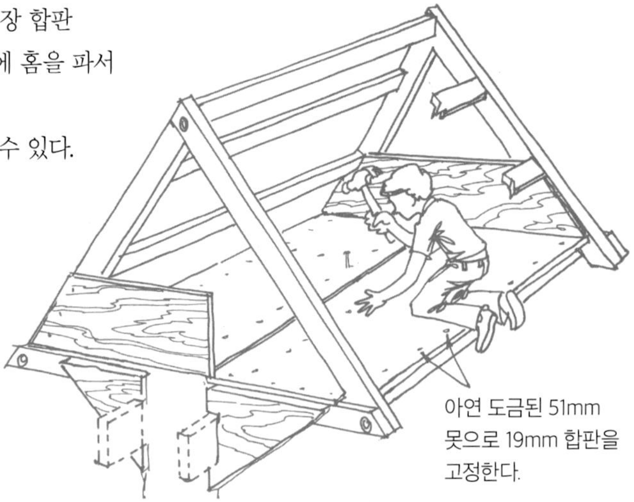

지붕은 16mm 두께의 4×8 외장 합판 세 장을 반으로 자른 나무판자 여섯 장으로 만든다. 그 위에 지붕널 등 마감재를 붙이는데, 타르지는 겹쳐서 놓아도 창문을 여닫는 데 아무 지장이 없지만, 지붕널은 겹쳐 놓으면 창문을 여닫을 수 없기 때문에 지붕널은 겹쳐 놓지 않는다.

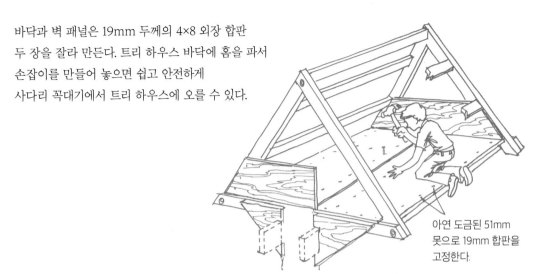

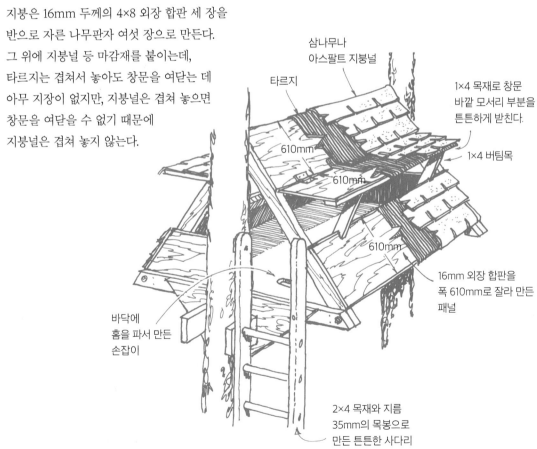

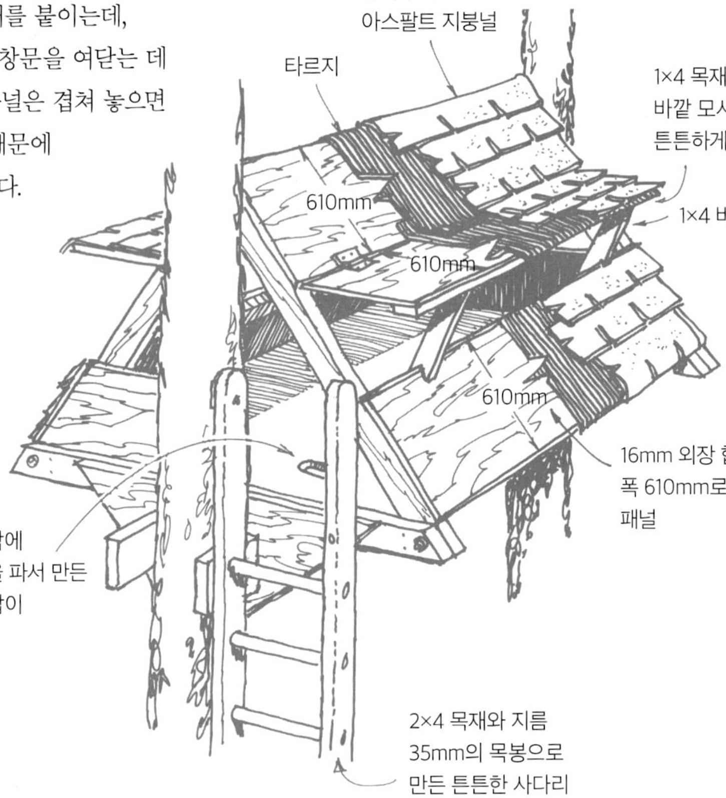

나무 세 그루 위에 짓는 트리 하우스 3

나무 간격보다 긴 통나무 준비

나무 세 그루가 트리 하우스를 짓기에 적합하게 1.5~1.8m의 간격으로 떨어져서 자라고 있는 모습을 자주 볼 수 있다. 책에 소개한 것처럼 통나무에 제재목을 사용해서 트리 하우스를 지을 수도 있겠지만, 사용 가능한 나무라면 어떤 나무라도 트리 하우스를 지을 수 있다.

각 나무 사이의 거리보다 30cm 정도 더 길고 쭉 뻗은 통나무가 적어도 열세 개는 필요하다. 원형 울타리 기둥은 보기에 좋고 묘목장에서 쉽게 살 수 있지만 가격이 비싼 편이다.

통나무가 준비되었으면 가장 큰 통나무의 끝에서 150mm정도 아래 지점에 래그 나사못을 박을 지름 13mm 구멍을 뚫는다.

가장 튼튼한 나무로 정면 보 설치

먼저 통나무에 래그 나사못을 끼우고 망치로 두드려 기둥 나무에 박는다. 망치로 래그 나사못을 몇 차례 세게 내려친 뒤 렌치로 90도 정도 돌린다. 나사못이 나무에 완전히 박힐 때까지 이 과정을 반복한다.

만약 단단한 나무(경재)에 나사못을 박는다면 나무에 나사못 지름보다 약간 작은 파일럿 구멍을 미리 뚫어 놓아야 한다.

높은 곳에서 이 작업을 할 경우, 그림처럼 끝이 두 갈래로 갈라진 막대나 물건을 끌어 올릴 때 쓰는 호이스트 같은 장치(34쪽 참고)로 나무의 다른 한쪽 끝을 받쳐 올리는 게 좋다.

측면 보 두 개를 정면 보에 얹어 설치

측면 보를 설치하기 전에 측면 보를 지지할 수 있게 뒤쪽의 세 번째 나무에 짧은 나무 조각을 박아 고정한다. 두 측면 보의 끝이 잘 맞을 수 있게 두 부재의 끝부분을 비스듬히 자른다.

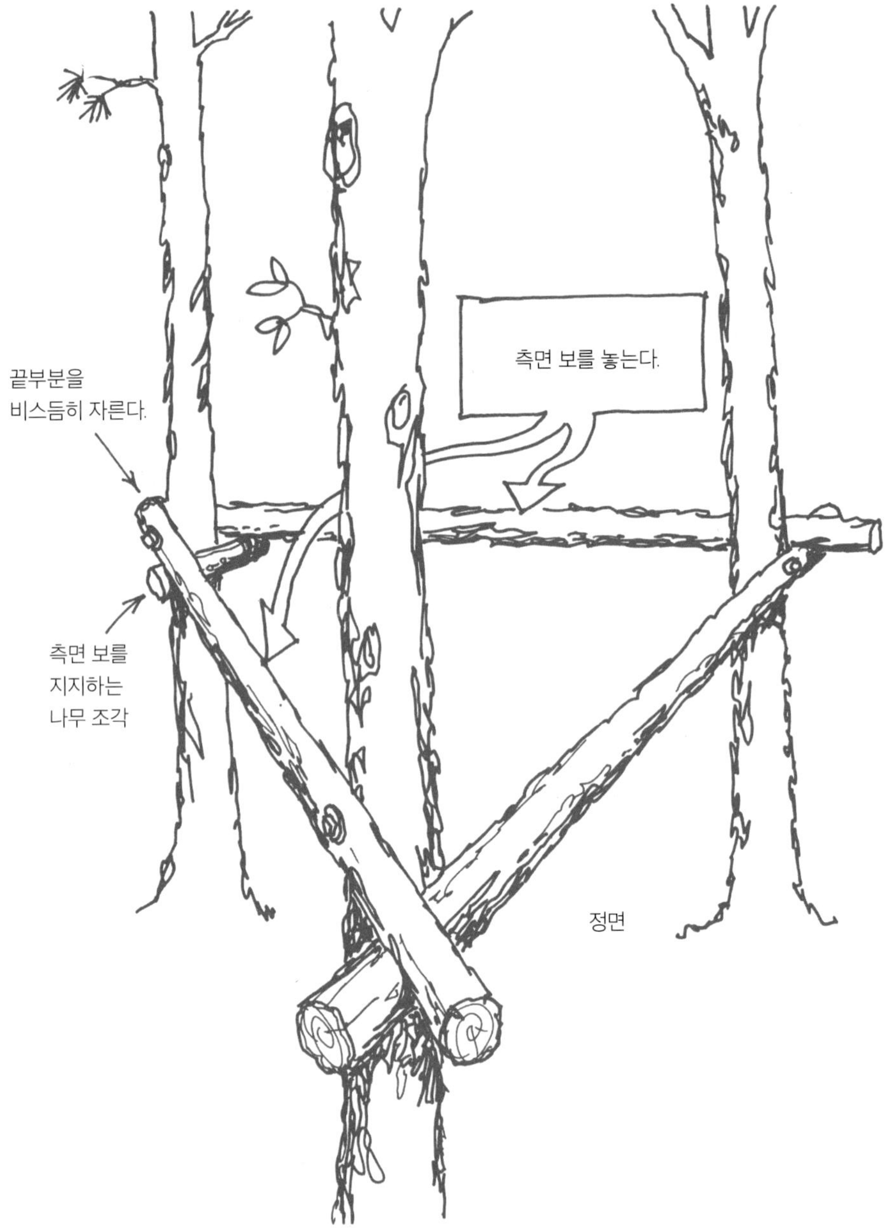

바닥 장선 설치하고 바닥 판 설치

두 측면 보 사이에 바닥 보(장선) 세 개를 추가로 더 설치한다. 바닥 보 위에 나무판자를 깔아 바닥 플랫폼을 완성한다.

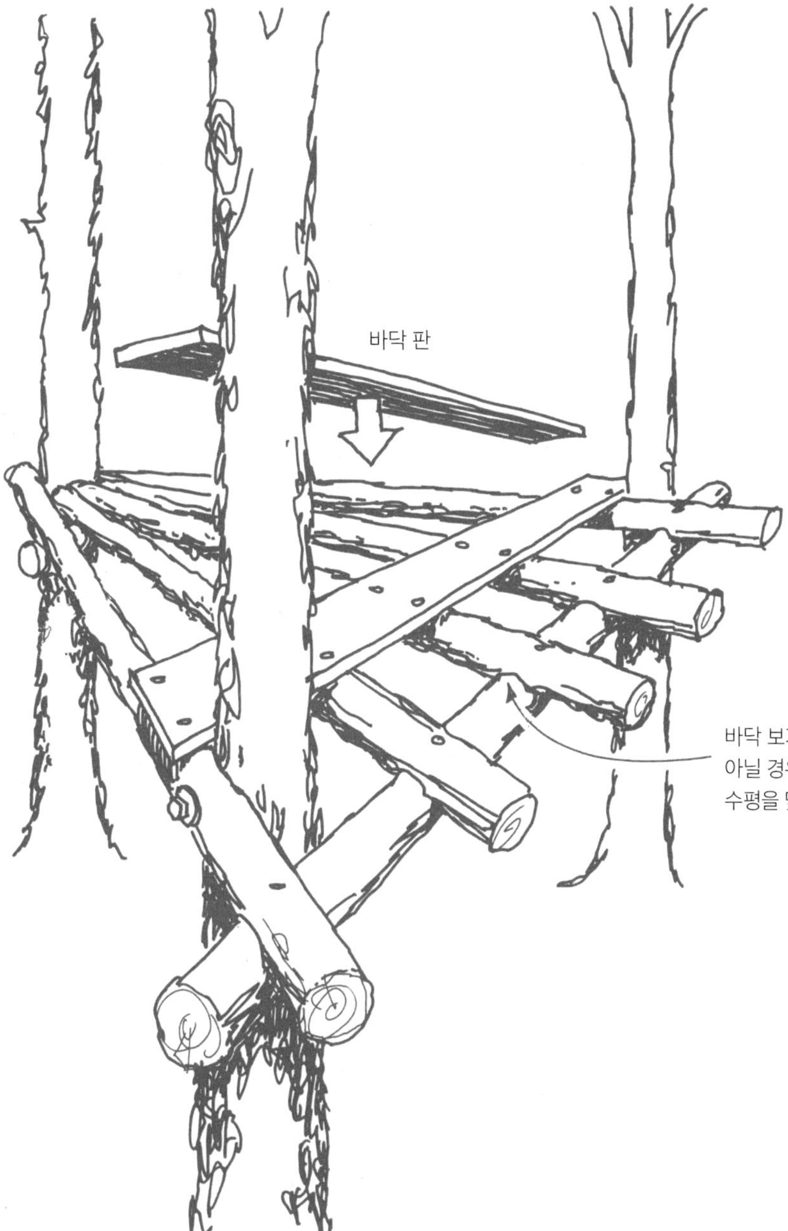

바닥 판
바닥 보가 수평이 아닐 경우 홈을 파서 수평을 맞춘다.

지붕은 뒤로 기울게 설치

바닥과 똑같이 지붕을 만든다.
빗물이 고이지 않고 잘 흘러내려 가도록 지붕 뒤쪽을
아래로 기울게 설치한다.

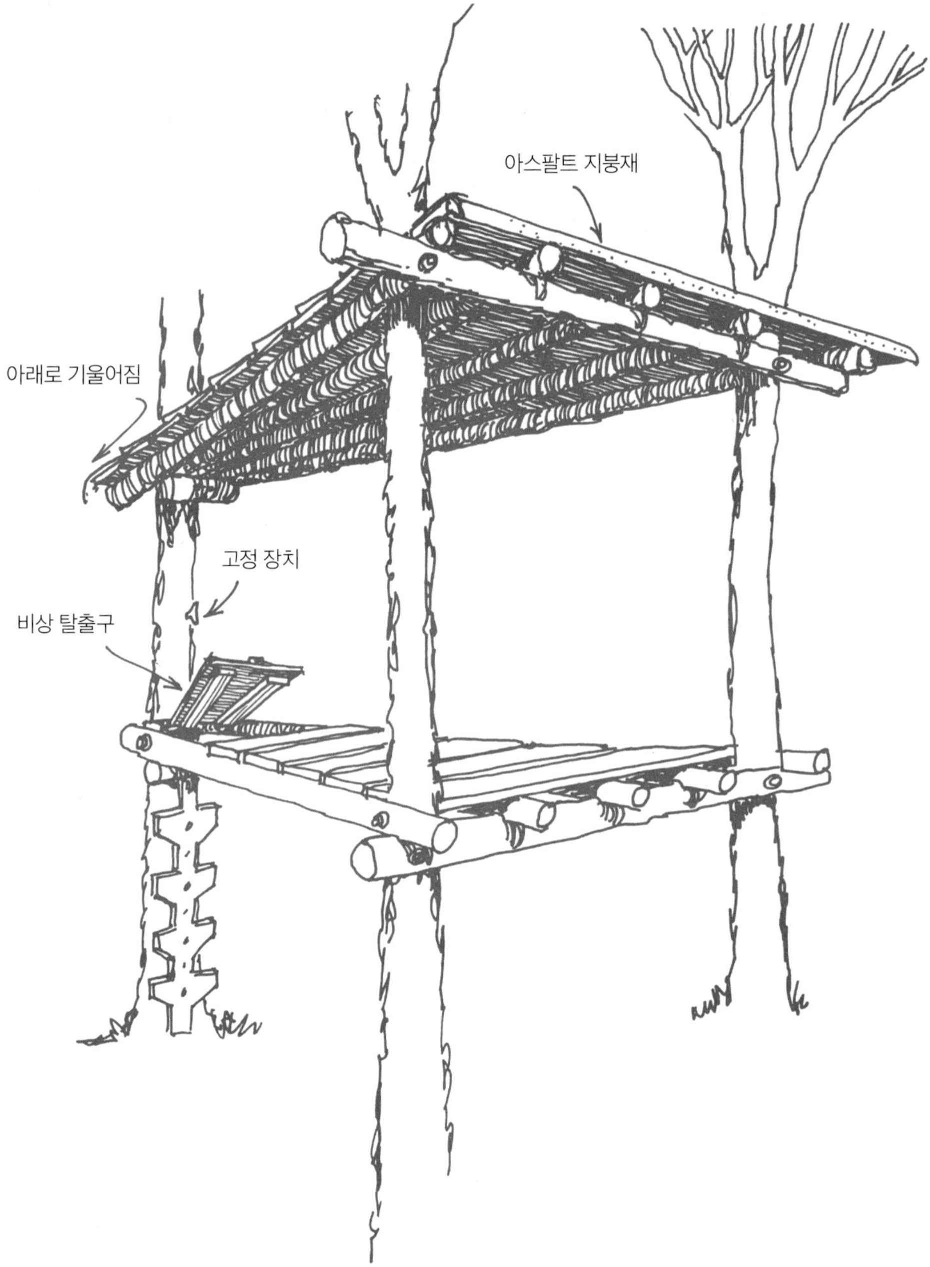

판재를 수직 방향으로 박아 벽 설치

제혀쪽매 방식으로 이은 목재를 수직으로 세우고
못으로 박아 바닥과 지붕보(받침대)를 잇는다.

밧줄을 엮어 난간 설치

이 트리 하우스의 난간은 하중을 많이 받지 않기 때문에 마닐라 밧줄로도 만들 수 있다. 안전한 밧줄 난간은 저렴하고 보기에도 좋다. 게다가 만드는데 15분이면 충분하다.

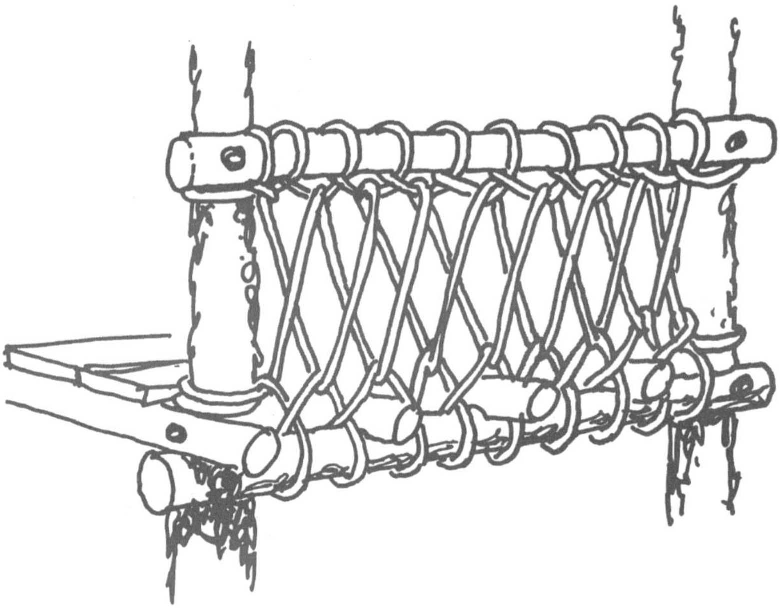

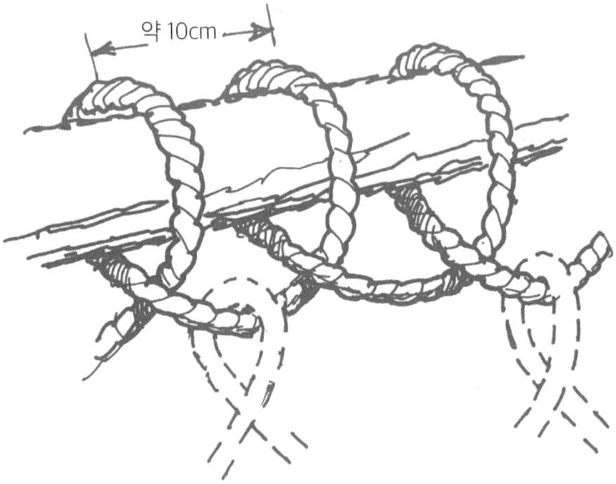

1 난간 상단에 10cm 간격으로 밧줄을 헐렁하게 감는다.

2 1단계와 동일하게 난간 하단에도 10cm간격으로 밧줄을 헐렁하게 감는다.

3 난간 상단과 하단에 헐렁하게 감은 밧줄에 또 다른 밧줄을 끼워 엮는다.

나무 두 그루와 기둥 두 개 위에 짓는 트리 하우스 4

직사각형 모서리에 나무 기둥 설치

약 1.2~1.5m정도의 간격으로 서 있는 나무 두 그루를 확보한다. 직사각이나 정사각의 형태를 만들기 위해 나무에서 1.8m 떨어진 지점을 표시해둔다. 표시해둔 지점에 기둥을 박기 전에 나무와 기둥 사이의 대각선 거리를 측정하여 직사각이나 정사각의 형태를 갖췄는지 반드시 확인한다. 대각선 길이가 같아야 한다. 기둥 설치법은 58~59쪽을 참고한다.

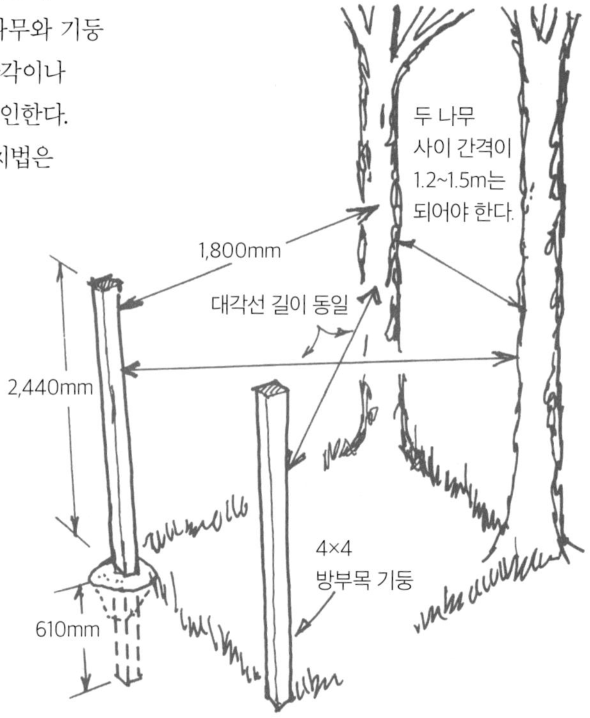

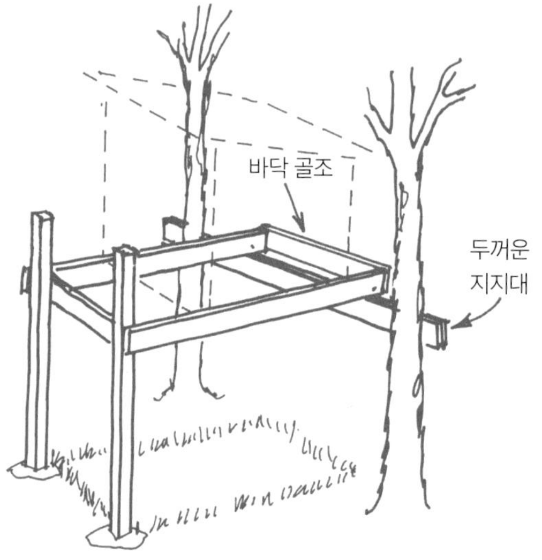

나무 사이 간격이 넓을 때 바닥 골조를 지탱하는 또 다른 방법은 바닥 골조를 두꺼운 지지대 위에 설치하는 것이다. 지지대는 나무 바깥쪽에 나사로 박아 고정한다.

수평 맞춰 바닥 골조 설치

2×6 목재를 캐리지 볼트와 래그 나사못을 이용해
나무와 기둥에 고정해 골조를 만든다.
각 보를 튼튼하게 고정하는 것과 함께
수평을 맞추는 것도 중요하다.

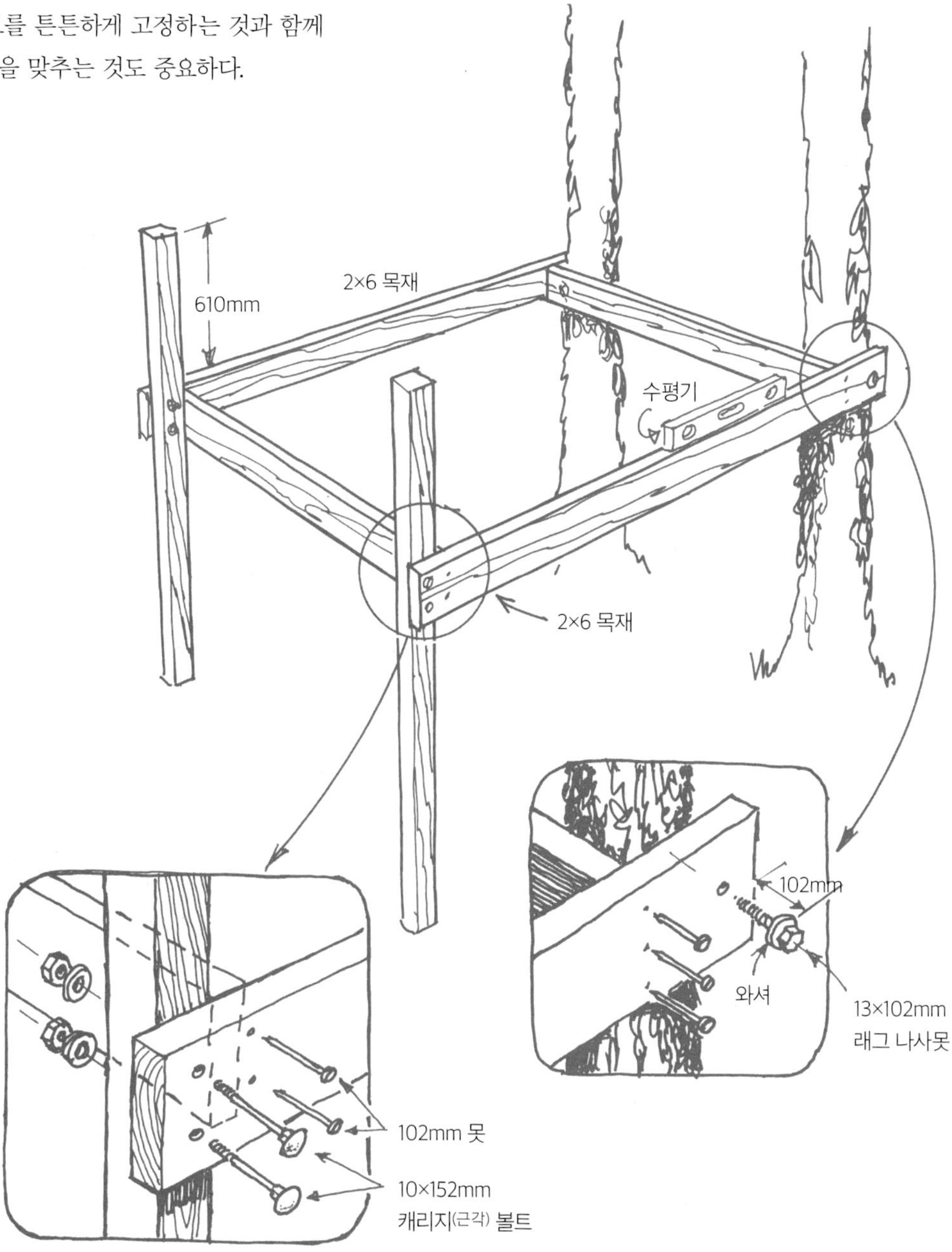

바닥 판은 틈을 두고 고정

바닥 판에 틈을 두면 트리 하우스로 물이 들어와도 빨리 빠져나갈 수 있기 때문에 트리 하우스 내부가 눅눅하지 않다. 바닥 프레임을 튼튼하게 만들려면 57쪽에 나와 있는 것처럼 대각 가새를 설치한다.

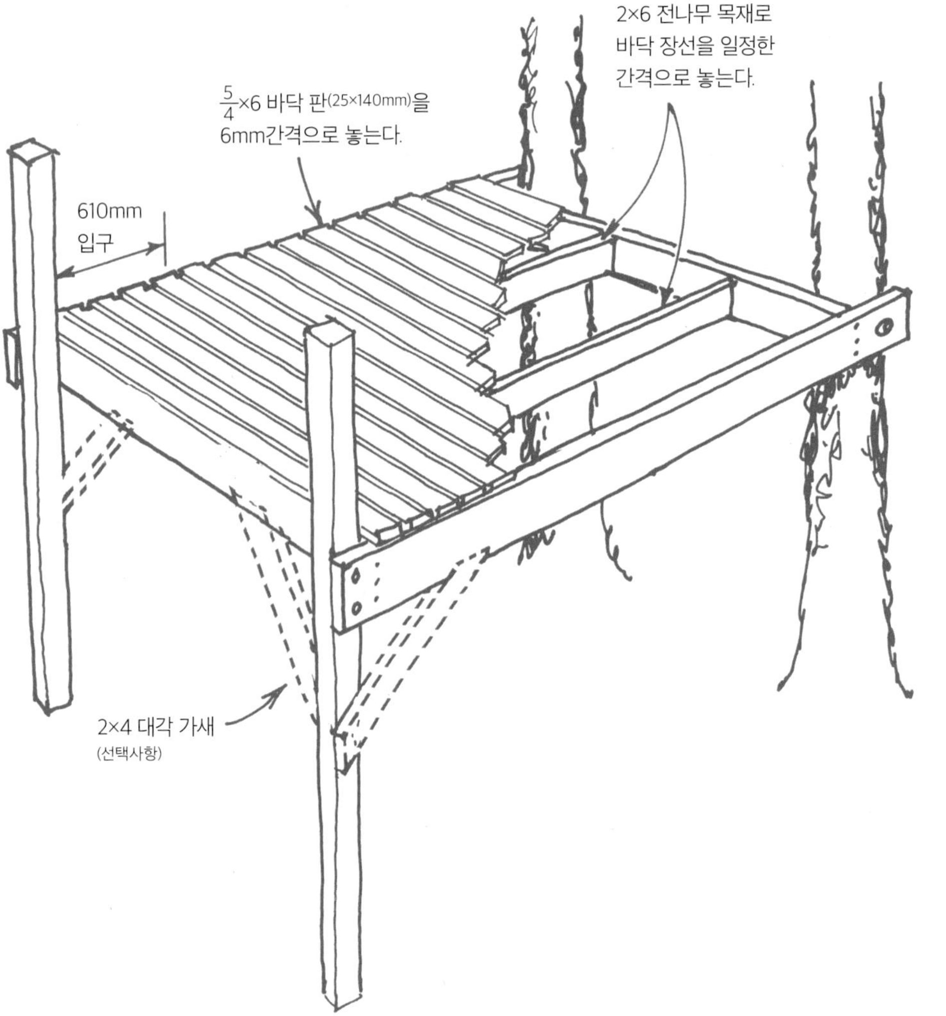

골조를 세워 벽, 창문, 지붕 설치

2×4 목재로 벽과 지붕을 만들 골조를 세운다. 지붕은 빗물이 잘 흘러내리도록 경사지게 만드는데, 서까래가 앞쪽으로 46cm, 뒷쪽으로 25cm정도 튀어나오게 자른다. 벽에는 나무 지붕널을 반드시 사용할 필요는 없지만 지붕널을 설치하면 트리 하우스 외관이 근사해진다.

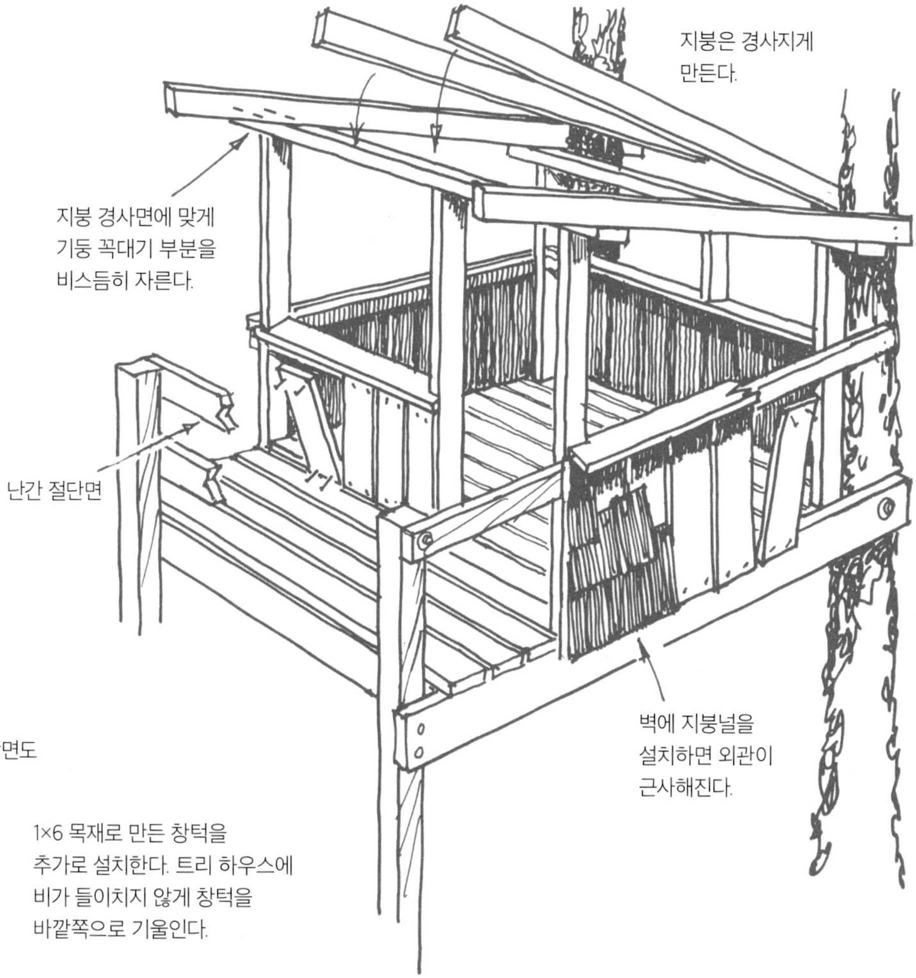

지붕은 경사지게 만든다.
지붕 경사면에 맞게 기둥 꼭대기 부분을 비스듬히 자른다.
난간 절단면
벽에 지붕널을 설치하면 외관이 근사해진다.

측벽 단면도

1×6 목재로 만든 창턱을 추가로 설치한다. 트리 하우스에 비가 들이치지 않게 창턱을 바깥쪽으로 기울인다.

볏짚을 묶어 지붕 마감

1×2 목재 가로대에 볏짚 단을 묶어 지붕을 덮는다. 가로대 맨 아래부터 볏짚 단을 엮기 시작하고 되도록 볏짚 단이 겹치게 한다.

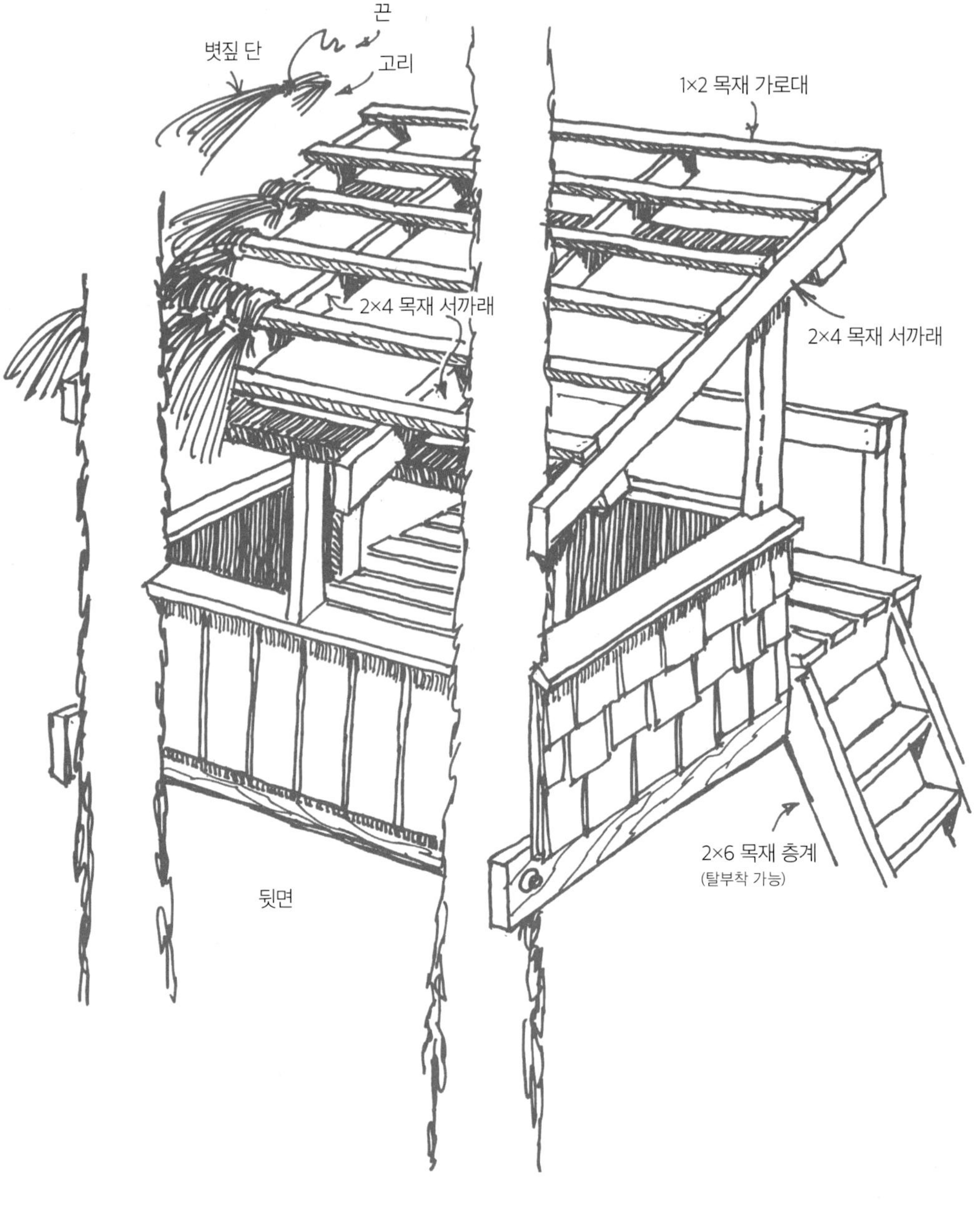

전망용 트리 하우스 5

튼튼한 건축물을 짓는 핵심 비결 중에 하나는 삼각형 골조이다. 전망용 트리 하우스는 나무 한 그루 위에 삼각형 골조를 많이 사용해서 짓는다. 플랫폼은 하루 만에 만들 수 있고, 여기에 원형 계단을 만들면 남녀노소 누구나 편하게 트리 하우스에 오를 수 있다.

보와 가새를 조립한 골조를 나무에 고정

땅에서 가새와 보를 두 개씩 만든다. 13×89mm 볼트로 가새 끝부분을 보에 결합한다. 가새와 보가 흔들리지 않도록 확실하게 고정하기 위해 길이 64mm인 데크 나사못 세 개를 추가로 박는다.

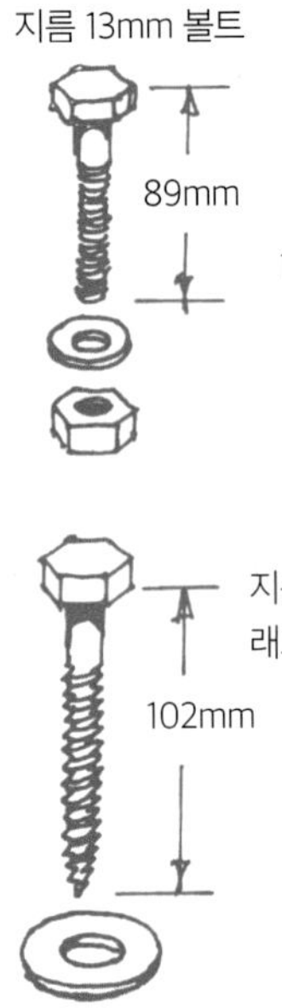

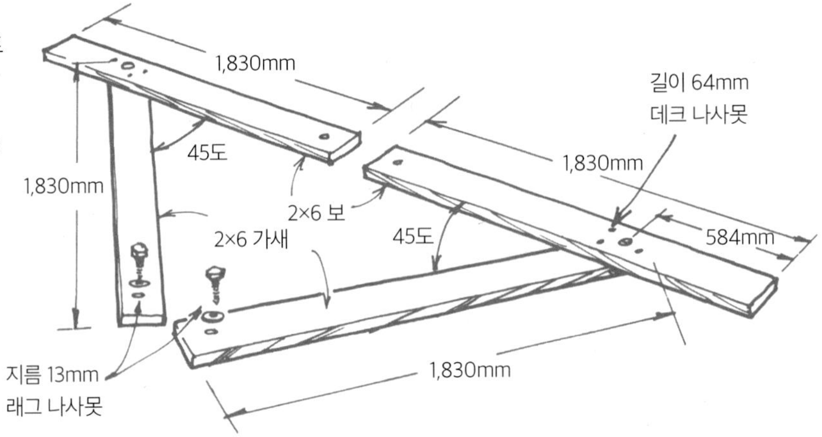

윗 가지에 묶어서 연결한 도르래를 사용하여 보와 가새의 조립을 제 위치로 들어 올린다. 보의 수평을 확인하고 13×102mm 래그 나사못으로 나무와 맞닿는 부재의 각 부분을 나무에 박는다.

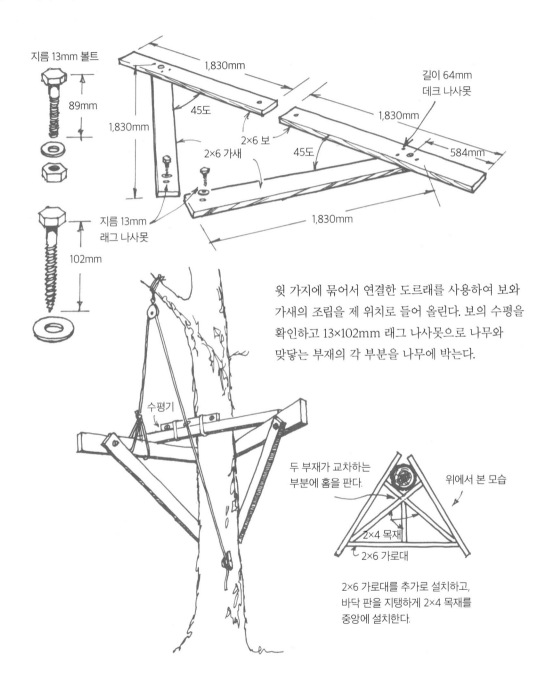

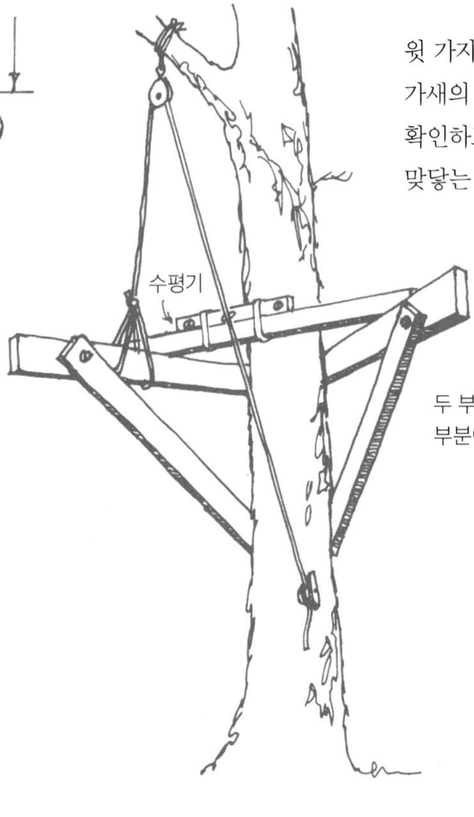

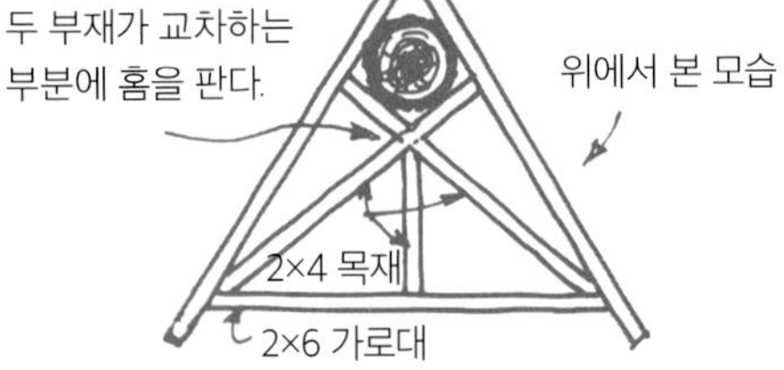

2×6 가로대를 추가로 설치하고, 바닥 판을 지탱하게 2×4 목재를 중앙에 설치한다.

바닥재가 측면 보 밖으로 나오게 설치

측면 보들을 덮을 만한 길이의 $\frac{5}{4}$×6 나무판자를 여덟 장 준비하여 바닥 골조에 못으로 박는다. 나무판자를 측면 보 밖으로 25mm정도 나오게 남겨 두고 한 번에 잘라낸다.

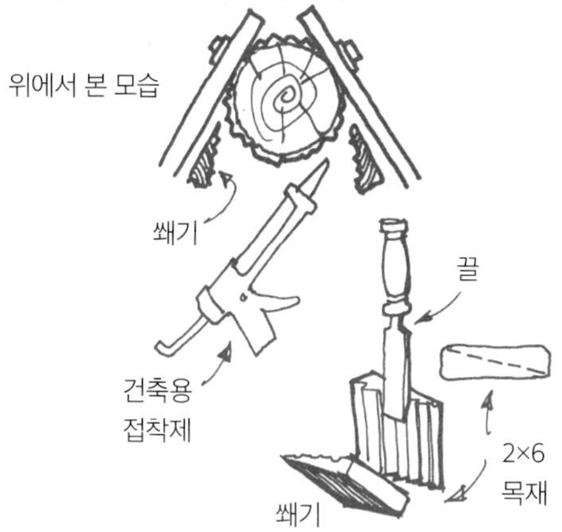

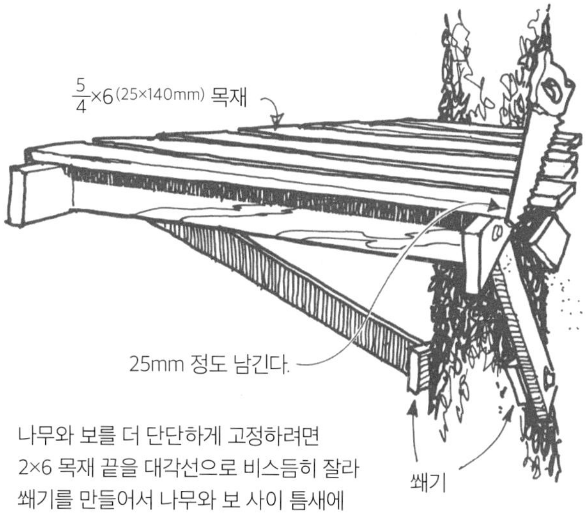

난간 기둥은 튼튼하게

짧은 나무 막대를 반으로 잘라 난간 기둥 두 개를 만든다.

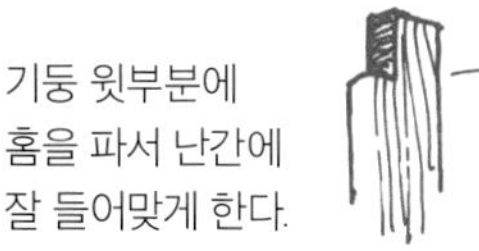

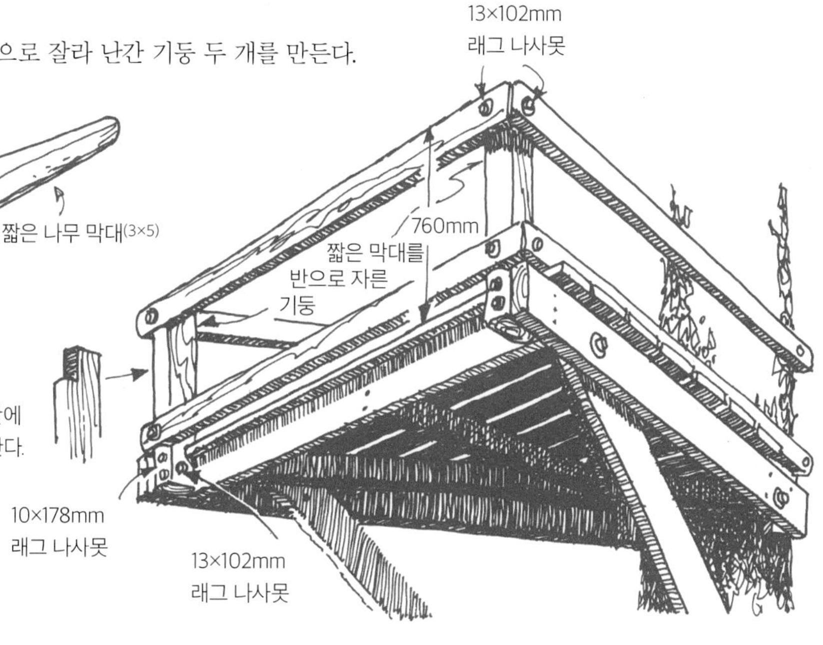

밧줄을 엮어 난간 완성

밧줄은 트리 하우스 외관을 로빈슨 크루소의 집 느낌이 나게 하는 동시에 어린아이들의 안전을 보장한다. 아래쪽 난간에 지름 19mm, 깊이 51mm 구멍을 뚫어 밧줄의 한쪽 끝을 고정하고, 난간 안쪽과 바깥쪽으로 밧줄을 교차하면서 엮어 나간다.

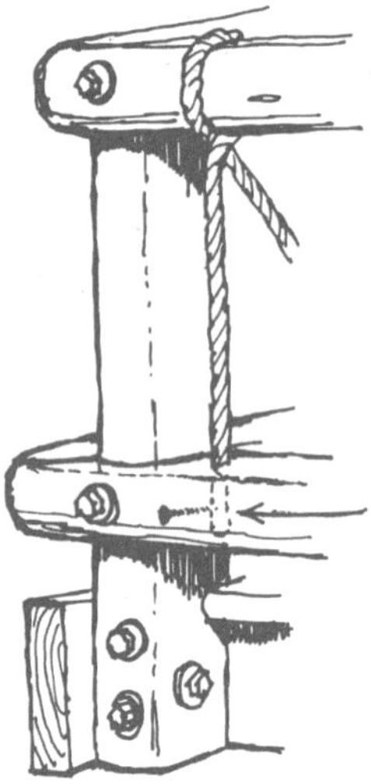

구멍에 밧줄을 넣고
나사를 박아 고정한다.

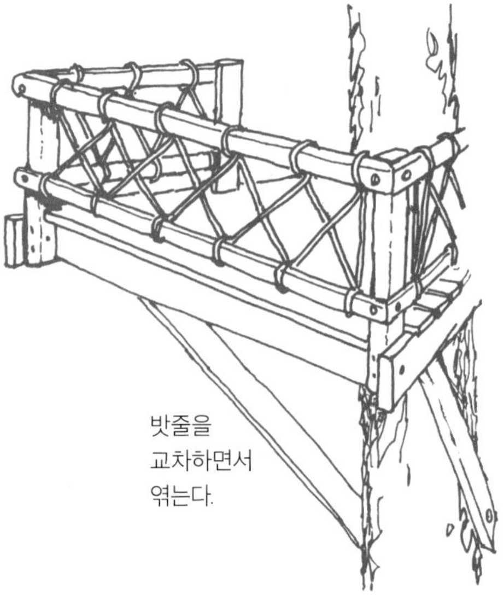

원형 계단 만들 디딤판 준비

원형 계단은 나무 둘레를 빙 둘러서 만드는데 방법이 어렵지 않다. 원형 계단은 지름이 최소 50cm정도 되는 큰 나무에만 설치하는 게 좋다. 땅에서 바닥 판까지의 거리를 측정하고 거리를 23(cm)으로 나누어 계단 디딤판이 몇개 필요한지 계산한다. 계단 디딤판은 2×12 목재를 61cm 정도 길이로 잘라 만든다. 필요한 디딤판 개수에 61(cm)을 곱하면 2×12 목재가 얼마나 필요한지 알 수 있다.

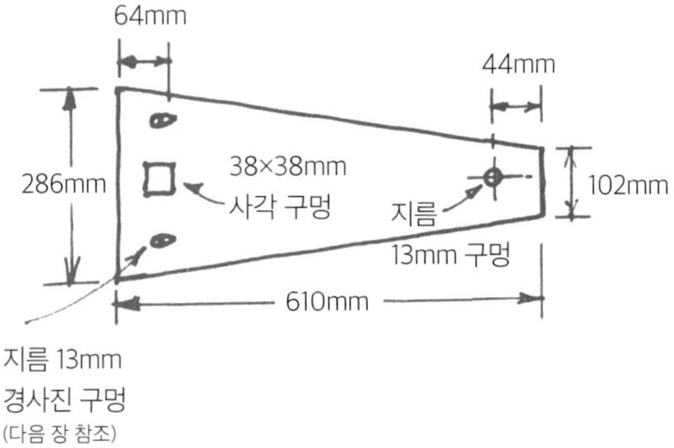

디딤판에 고정용 구멍 뚫기

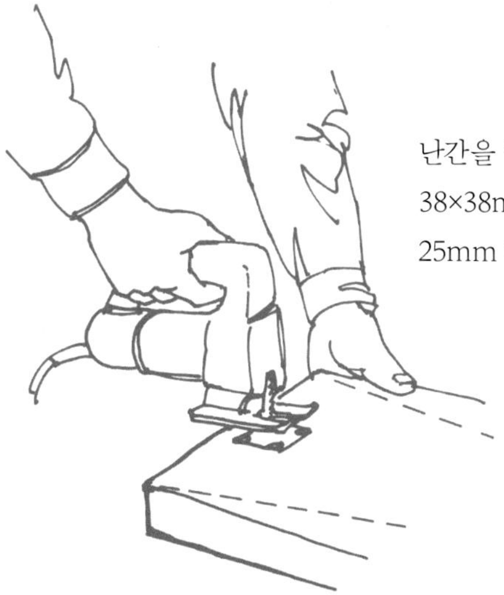

난간을 받치는 기둥인 난간동자를 박기 위해 38×38mm 사각 구멍을 디딤판 바깥쪽 끝에서 25mm 안쪽에 뚫는다.

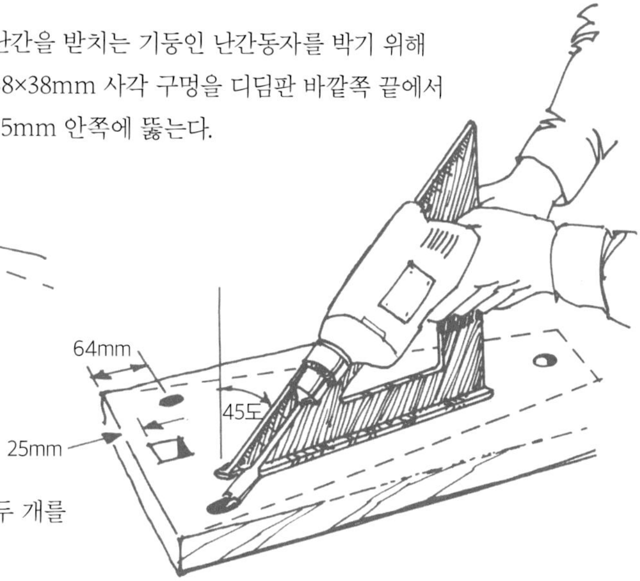

각 디딤판 밑면의 끝에서 64mm 지점에 45도 삼각자를 이용해 지름 13mm 구멍 두 개를 45도 기울어지게 뚫는다.

각 디딤판은 나무에 박아 놓은 10×102mm 원형 고리 나사못에 지름 13mm 볼트로 결합하여 나무에 고정한다. 계단 밑 부분에 지름 13mm, 길이 864mm 보강 바(철근) 두 개를 대서 지탱한다.

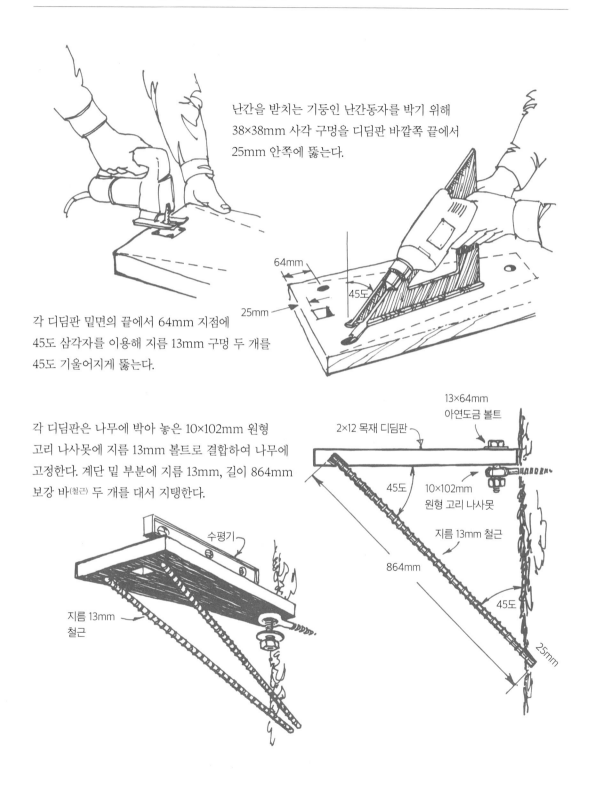

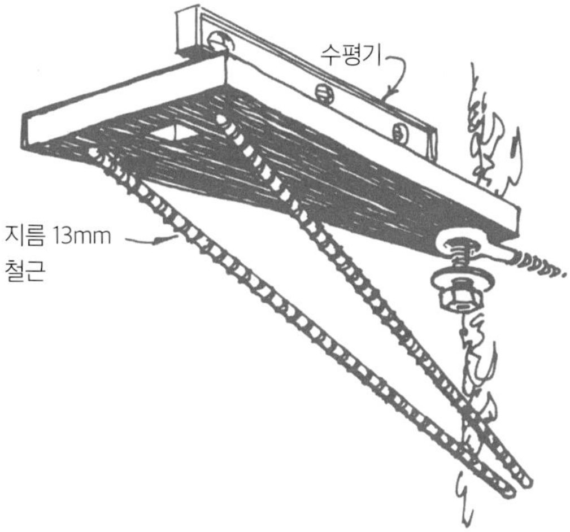

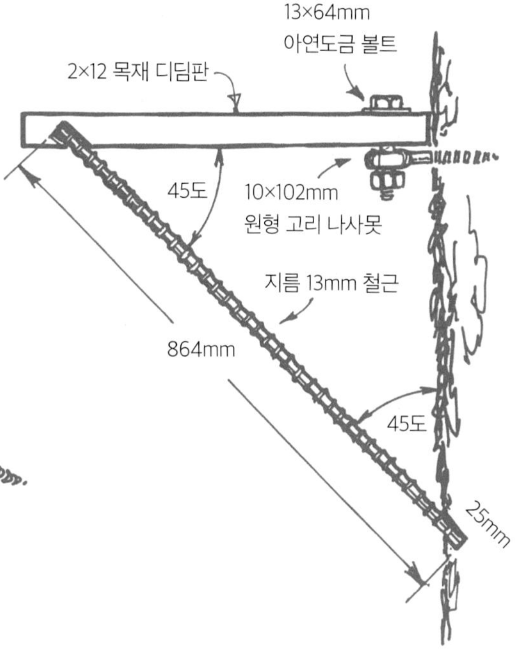

상단 디딤판부터 나무에 박아서 설치

1 플랫폼 상단에서 땅까지의 거리를 230mm 간격으로 재서 각 디딤판의 상단 위치를 표시한다.

2 표시해 놓은 각 디딤판 상단 지점에서 아래로 38mm(디딤판의 두께) 떨어진 곳에 파일럿 홀(지름 6mm 깊이 76mm)을 뚫는다.

3 짧은 철근을 사용해 파일럿 홀에 10×102mm 원형 고리 나사못을 돌려 박는다.

4 13×64mm 아연도금 볼트와 와셔, 너트로 디딤판을 원형 고리 나사못에 박아 고정한다.

5 두 개의 철근을 디딤판 밑면 경사진 구멍에 넣고 철근의 반대쪽 끝이 나무에 닿는 곳을 표시해 둔다. 철근의 위쪽 끝을 디딤판에 끼울 때는 뚫어 놓은 구멍에 건축용 접착제를 채우고 끼운다.

6 표시한 지점 25mm 위쪽에 지름 13mm 구멍을 38mm 정도의 깊이로 뚫는다.

7 철근 끝부분을 구멍에 꽂아 넣은 후 디딤판이 수평이 되었는지 확인한다. 잘 맞지 않으면 구멍을 더 깊이 뚫어서 맞춘다.

8 디딤판에 난간동자를 끼운다. 아래쪽에 있는 디딤판 세 개는 땅에 박은 방부목 기둥으로 지탱한다.

9 각 난간동자 꼭대기에 지름 32mm 마닐라 밧줄을 고정하고, 위와 아래에 지름 13mm 구멍을 뚫어 10mm의 마닐라 밧줄을 끼워 연결한다.

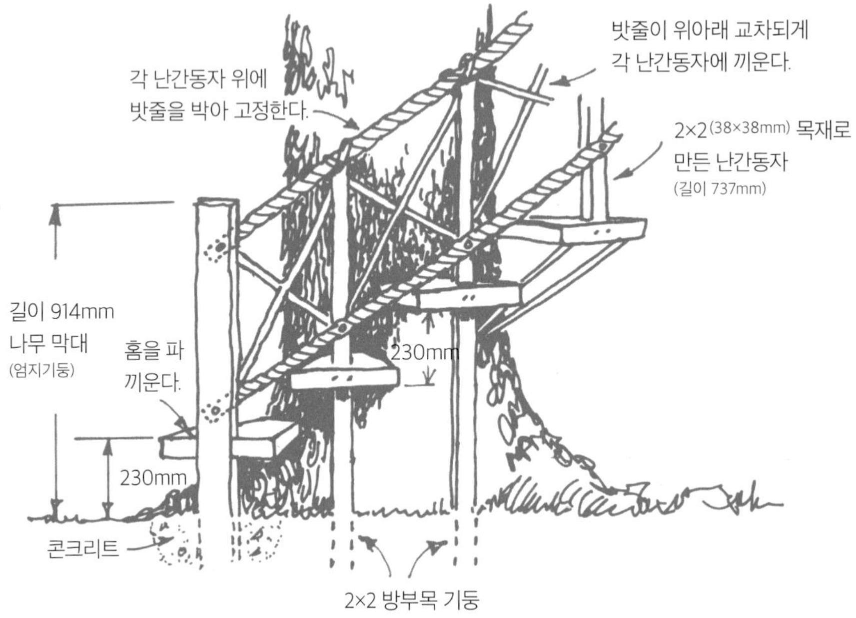

4

트리 하우스를 더 멋지게

망대 만들기

큰 줄기에서 뻗어 나온 곳의 두께가 적어도 25cm 정도 되는 굵고 튼튼한 나뭇가지를 선택한다. 굵은 가지에서 두 갈래로 갈라지는 평평한 곳에 큰 나무통을 반으로 잘라 의자처럼 만든 것을 못으로 박아 고정한다. 2×6 목재와 19mm 외장 합판으로 그림처럼 나무통까지 연결되는 계단을 만든다.

밧줄 다리 만들기

트리 하우스를 한 채 이상 보유하고 있다면 밧줄로 다리를 만들어 각각의 트리 하우스를 연결할 수 있다.

총 네 개의 밧줄을 사용하여 트리 하우스를 연결하기 때문에 밧줄 하나가 끊어지더라도 나머지 세 개가 하중을 충분히 견딜 수 있다.

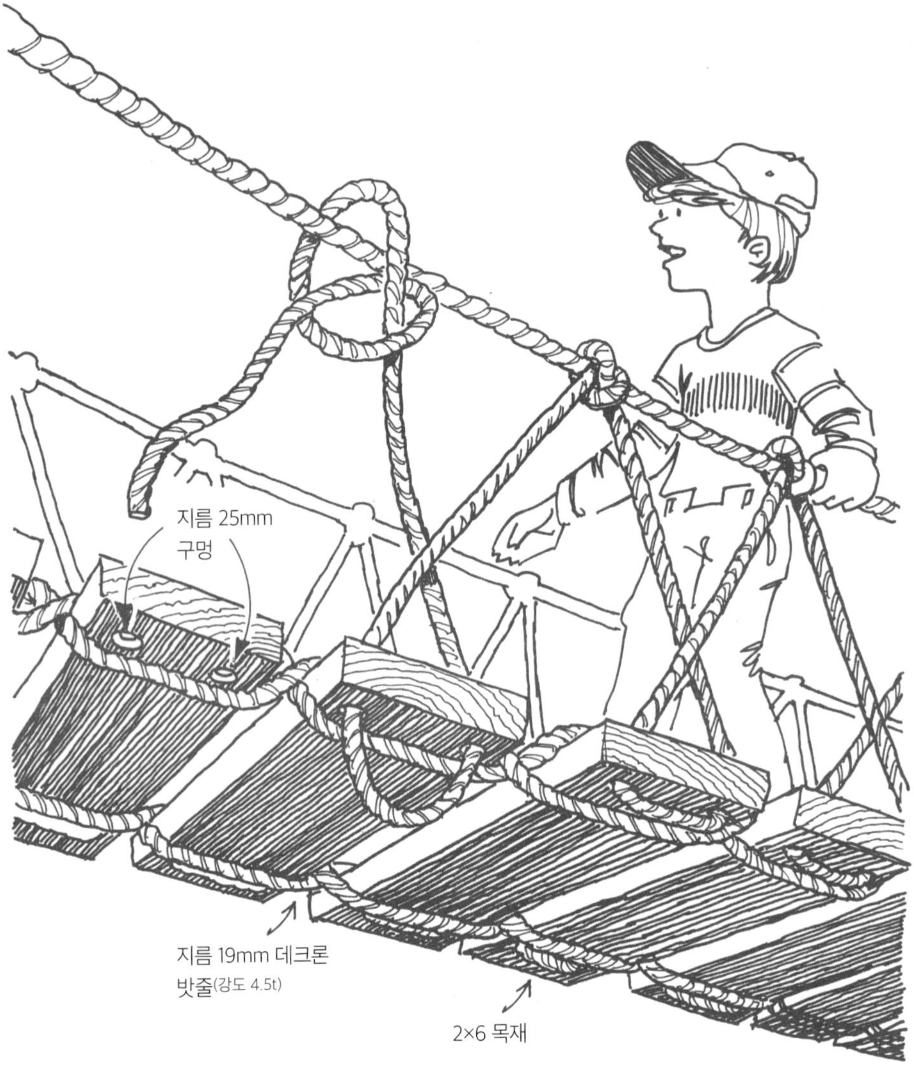

출동봉 만들기

소방서에서 사용하는 '출동봉'을 트리 하우스에 설치하면 신속하게 트리 하우스에서 빠져나올 수 있다. 지름 76mm의 플라스틱 파이프를 트리 하우스 가장 위쪽에 고정하고 아래쪽은 시멘트를 이용해 땅속에 고정한다.

지름 76mm
플라스틱 파이프
콘크리트

비상 탈출구 만들기

이웃들이 괴롭히거나 동물이 트리 하우스에 접근할 경우를 대비하여 트리 하우스에 반드시 비상 탈출구를 설치해야 한다.

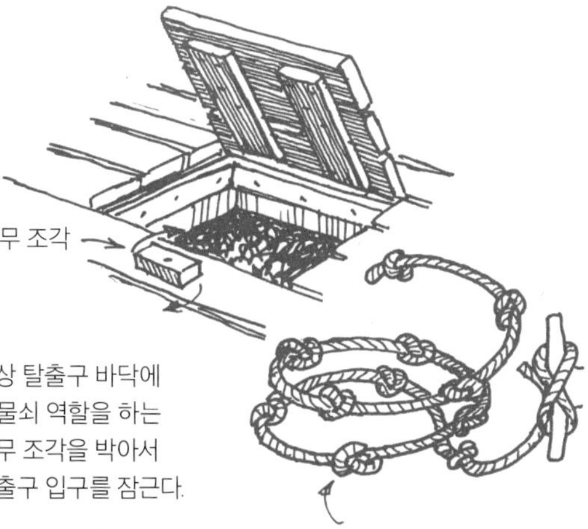

잠금용 나무 조각
비상 탈출구 바닥에 자물쇠 역할을 하는 나무 조각을 박아서 탈출구 입구를 잠근다.
밧줄에 30cm 간격으로 매듭을 묶는다.
트리 하우스에 비상 탈출용으로 두께 19mm 나일론 밧줄을 구비해 놓는다. 아무도 비상 탈출구를 알아차리지 못하게 위장해 놓는다.

트리 하우스 가구

벤치

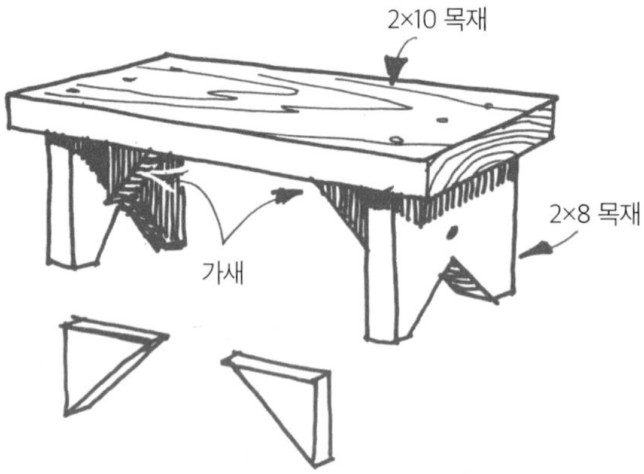

탁자

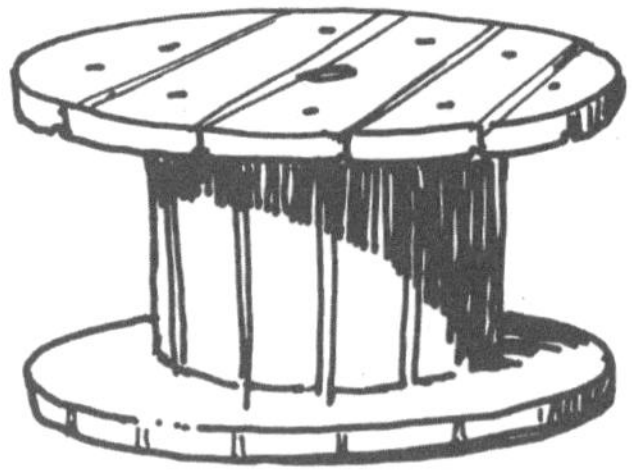

전기, 통신 회사가 굵은 전선이나 통신선을 감아둘 때 사용하는 스풀은 탁자로도 유용하게 쓸 수 있다. 스풀은 폐기물 집하장에서 구할 수 있다.

탁자

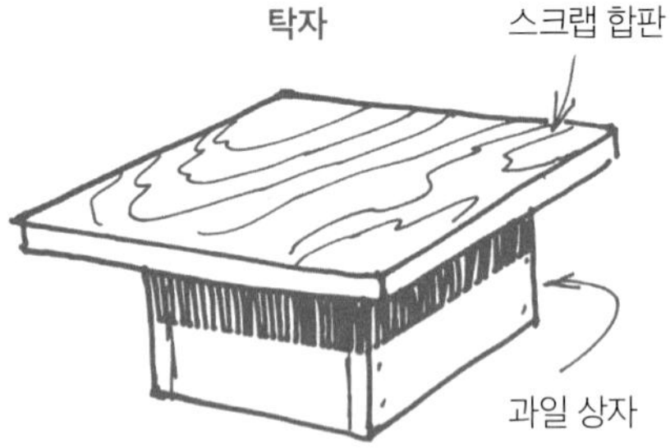

수납이 가능한 의자

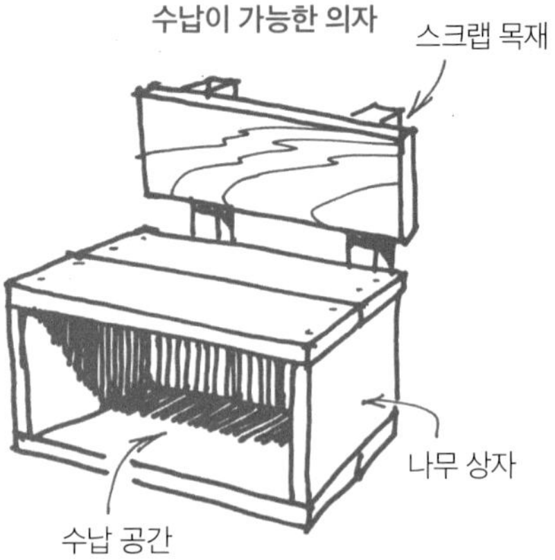

의자

나무 그루터기를 체인 톱으로 자른다.

스크랩 목재로 만든 의자

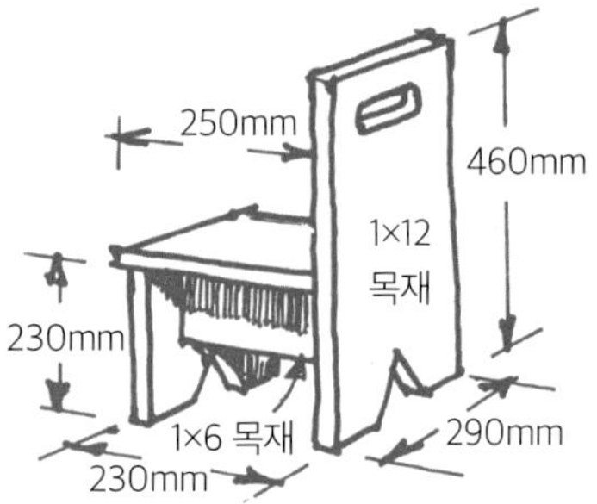

침대

크기가 큰 트리 하우스에는
다리는 4×4 목재로,
프레임은 2×6 목재로 만들고
밧줄을 엮어서 만든 침대를
놓아두면 좋다.

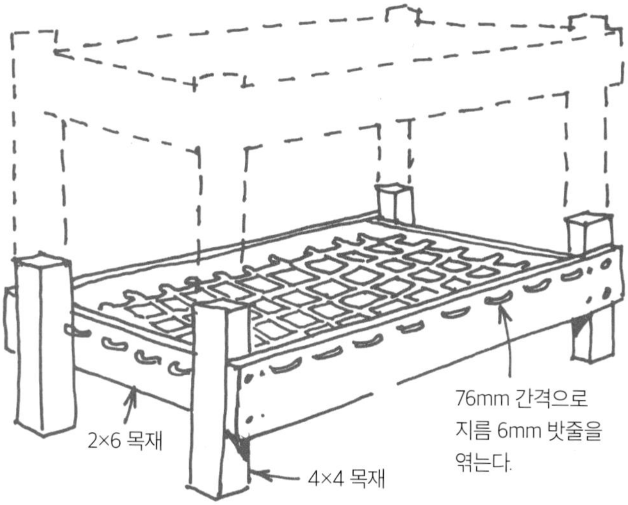

크기가 작은 트리 하우스일 경우
두께 51mm의 발포 고무 매트리스로도
충분하다.

해먹(그물 침대)은 편안할뿐더러
공간도 작게 차지한다.

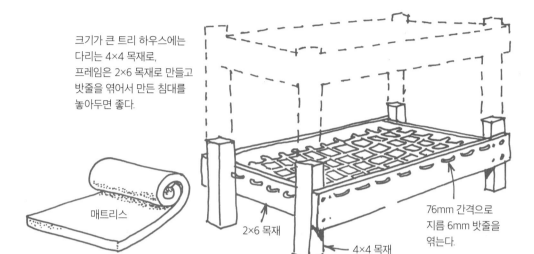

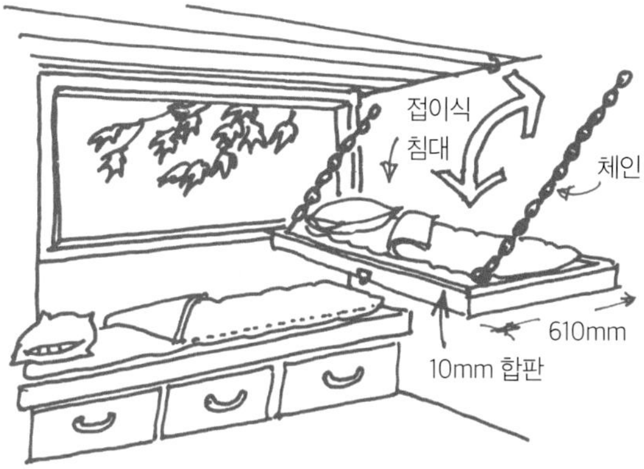

붙박이 침대 아래에 수납장을 설치한다.
공간을 절약하려면 체인으로 접이식 침대를
벽에 걸어 놓는다.

트리 하우스에서 필요한 기타 용품

랜턴

쌍안경
침입자가 있는지
살펴볼 때 필요

메모 상자
메모 상자는 스크랩 목재로 제작

보관 상자
물건이 젖는 것을 막고
다람쥐가 접근하지 못하게
물품은 상자에 넣어 보관

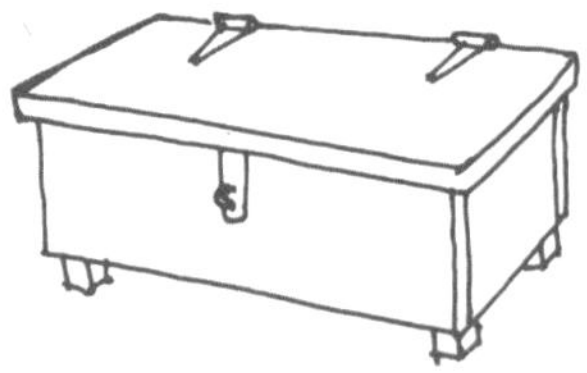

나팔
경보를 울릴 때
사용

잠망경
잠망경은 골판지로 제작

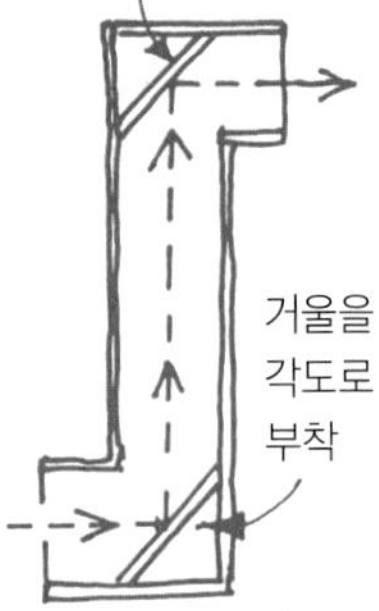

풍향계

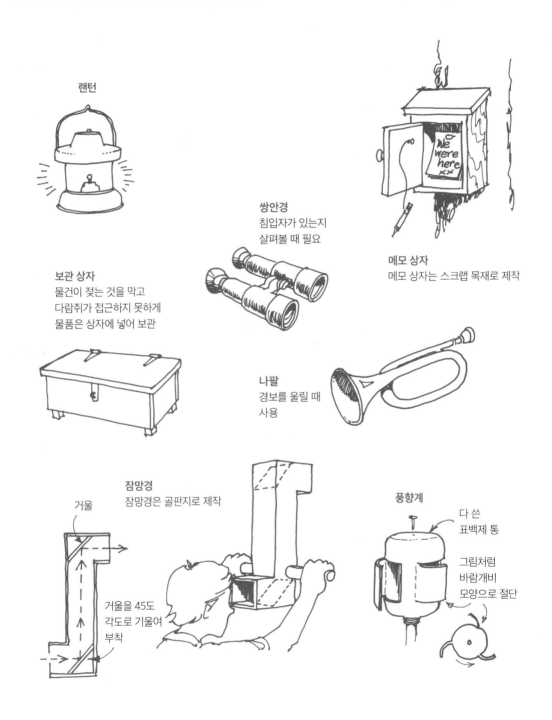

통신 수단

휴대폰 등 첨단 통신 수단이 점점 발달하고 있지만,
트리 하우스에서는 상황이 다르다. 트리 하우스에서
사용할 수 있는 통신 수단은 아래와 같다.

끈으로 집과 트리 하우스를 연결하고 그 끈에 종을 매단다.
트리 하우스에 있는 누군가에게 뭔가를 말하고 싶을 때
트리 하우스와 연결된 끈을 당기면 된다.

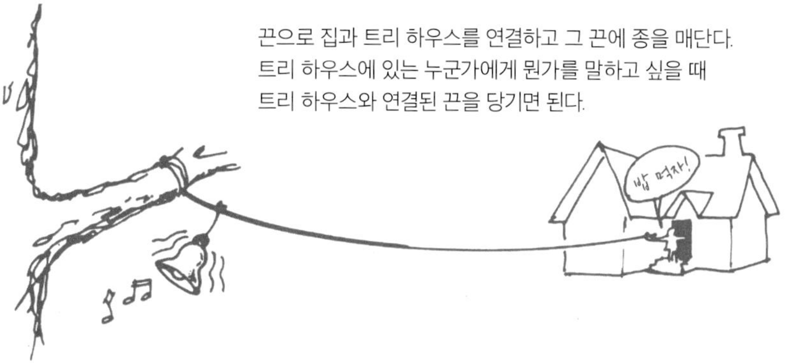

거리가 짧을 때는 빈 깡통을 활용한다.
먼저 빈 깡통 두 개를 준비하고 깡통 바닥에 구멍을 뚫은 뒤
구멍에 실을 넣고 매듭을 지어서 깡통 두 개를 연결한다.

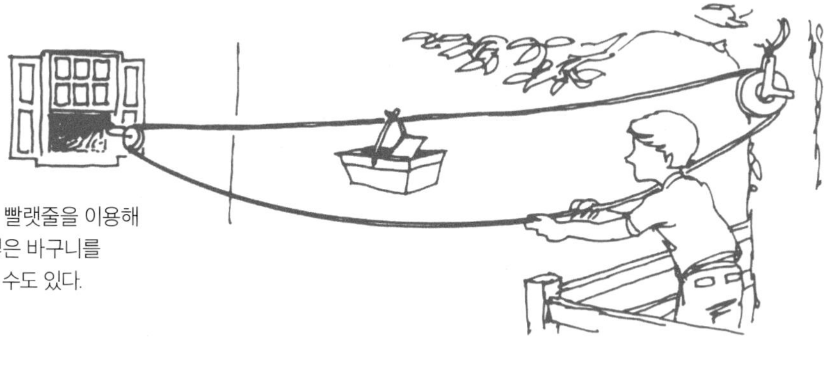

도르래와 빨랫줄을 이용해
메모를 넣은 바구니를
주고받을 수도 있다.

도르래

도르래는 트리 하우스에서 많이 사용되며
트리 하우스를 지을 때도 매우 유용하다. (35~36쪽 참고)

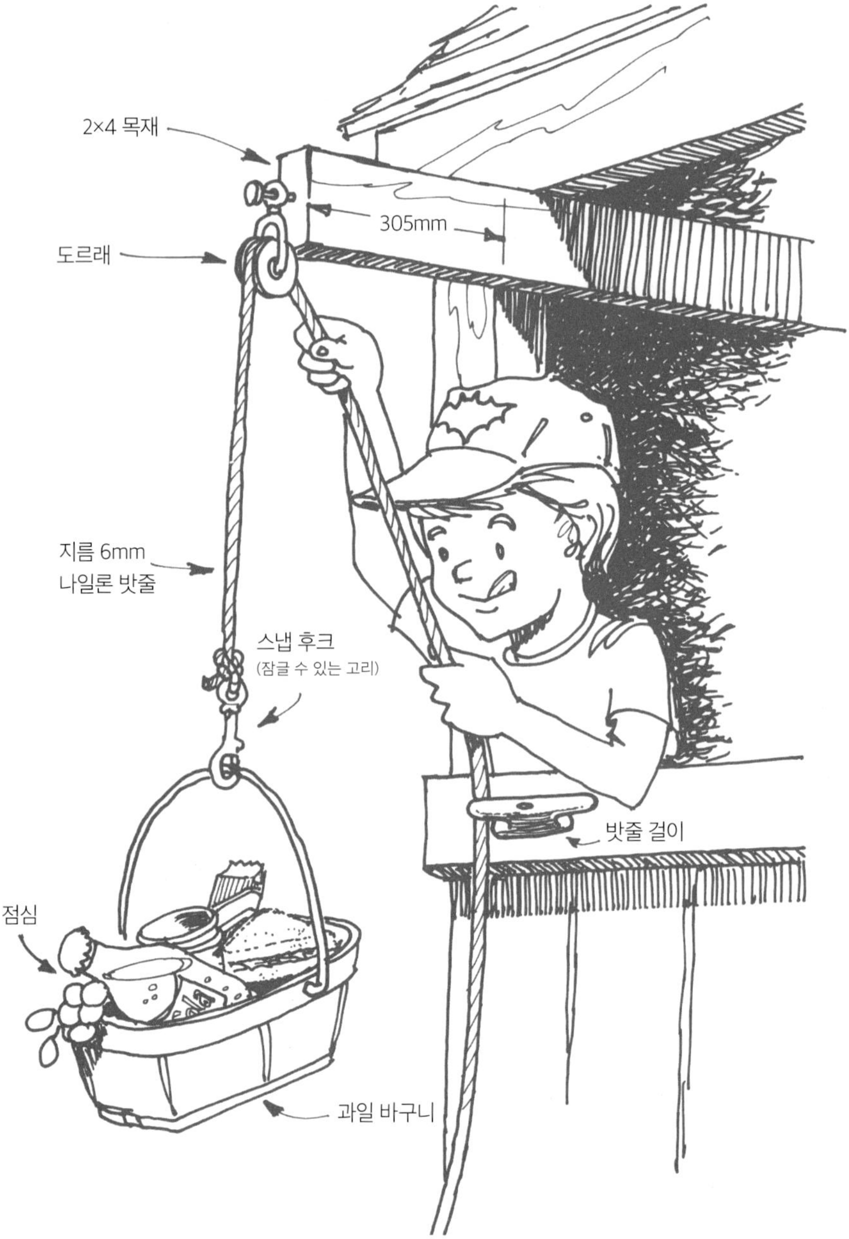

나무 위에 트리 하우스를 짓고 싶지 않다면
놀이터를 만드는 것도 하나의 방법이다.

그네

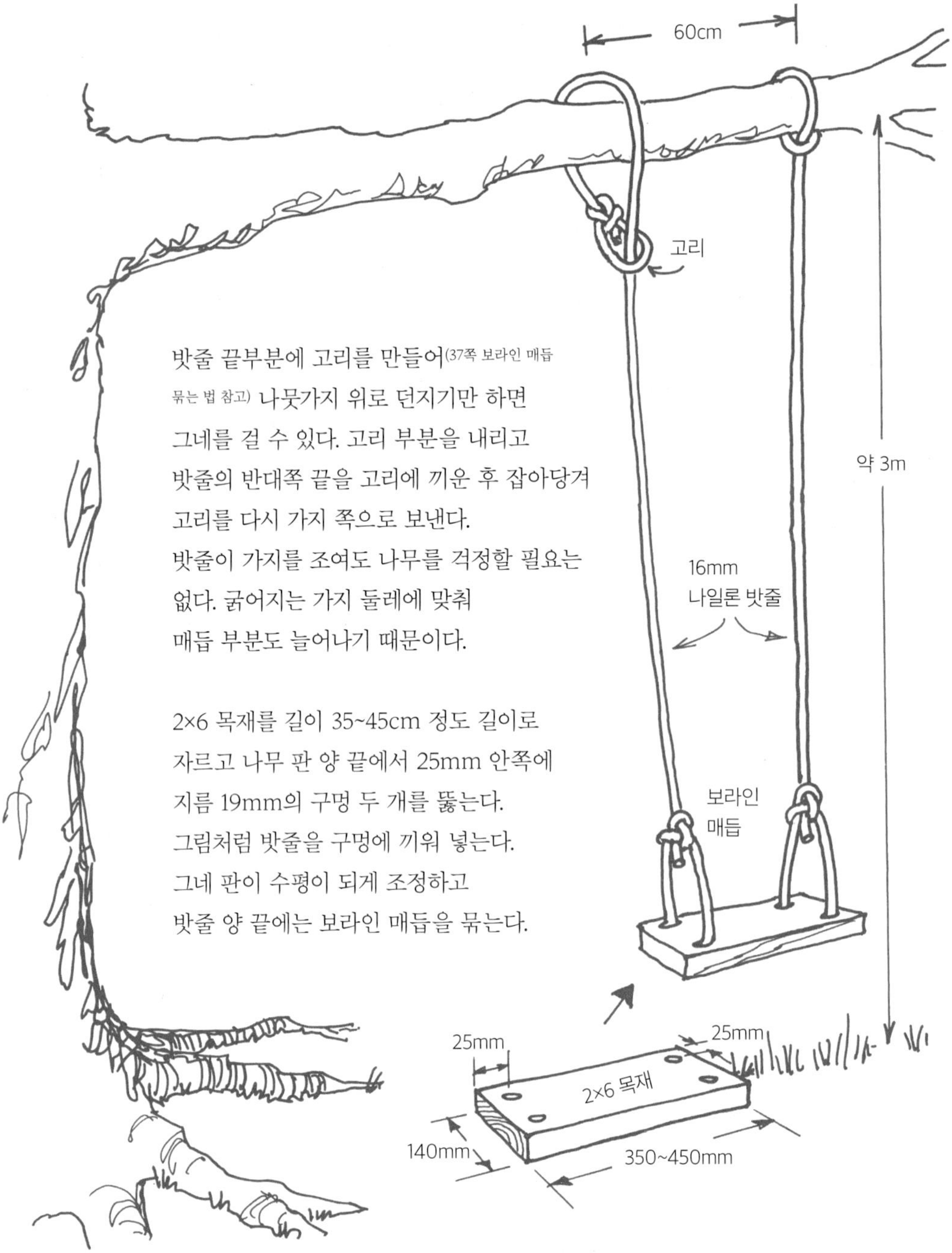

밧줄 끝부분에 고리를 만들어(37쪽 보라인 매듭 묶는 법 참고) 나뭇가지 위로 던지기만 하면 그네를 걸 수 있다. 고리 부분을 내리고 밧줄의 반대쪽 끝을 고리에 끼운 후 잡아당겨 고리를 다시 가지 쪽으로 보낸다. 밧줄이 가지를 조여도 나무를 걱정할 필요는 없다. 굵어지는 가지 둘레에 맞춰 매듭 부분도 늘어나기 때문이다.

2×6 목재를 길이 35~45cm 정도 길이로 자르고 나무 판 양 끝에서 25mm 안쪽에 지름 19mm의 구멍 두 개를 뚫는다. 그림처럼 밧줄을 구멍에 끼워 넣는다. 그네 판이 수평이 되게 조정하고 밧줄 양 끝에는 보라인 매듭을 묶는다.

그네를 설치하기 알맞은 높이의 나뭇가지가 없는 경우에는 나무 두 그루 사이에 두 개의 보를 연결해 그네를 매달 수 있다. 나무는 각각 따로 흔들릴 수 있기 때문에 보를 한 나무에는 단단히 연결하고 다른 나무에는 약간 움직일 수 있게 연결한다. 길이가 다른 2×6 나무 막대 두 개를 못으로 박아 붙여서 아래의 막대는 두 보 사이에 들어가고 위의 막대는 두 보 위에 걸리게 설치한다. 길이가 다른 나무 막대 두 개를 붙인 것을 하나 더 만든다.

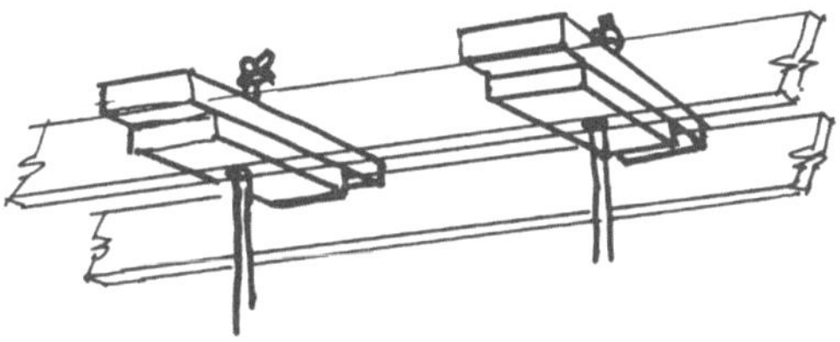

조립한 나무 막대 중앙에 그네 줄을 매단다.

그네의 높이

그네를 만들 때 그네를 높이 매달수록 떨어질 때 충격이 더 크다는 점을 명심한다. 길이가 짧은 그네가 아이들이 타기에 좋다. 긴 그네를 큰 폭으로 움직이게 하려면 큰 힘이 필요하다. 그네가 길수록 움직이는 폭도 커지기 때문에 그네를 타기 전에는 반드시 주위를 확인한다.

타이어 그네

자동차 타이어를 나무에 수직으로 매달아 그네를 타면 정말 재미있다. 그런데 그림과 같이 땅에서 45cm 정도 위에 타이어를 수평으로 매달아 그네를 만들면, 타이어 그네는 앞뒤 뿐 아니라 좌우, 심지어 8자 모양으로도 움직일 수 있다.

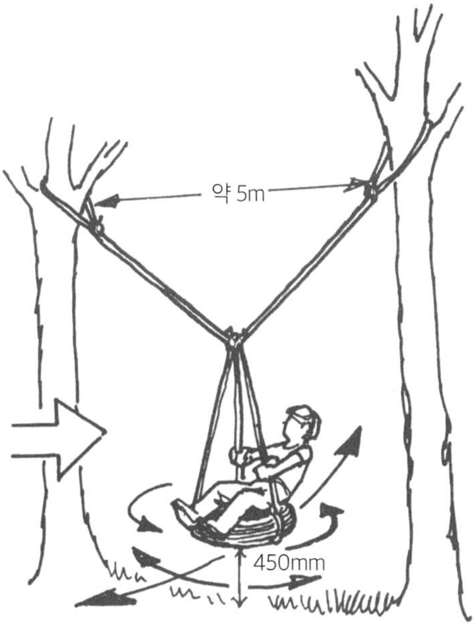

트롤리

오버헤드 케이블 트롤리는 최근 주목 받고 있다. 트롤리를 타고 이동하면 스릴을 느낄 정도로 재미있지만 그만큼 안전하게 만들어야 한다. 빨랫줄용 플라스틱 도르래로는 절대 트롤리를 만들지 않아야 한다. 마찰열 때문에 플라스틱이 녹을 수 있기 때문이다. 대신 철 케이블에 하나 혹은 두 개의 도르래를 사용해 만든다.

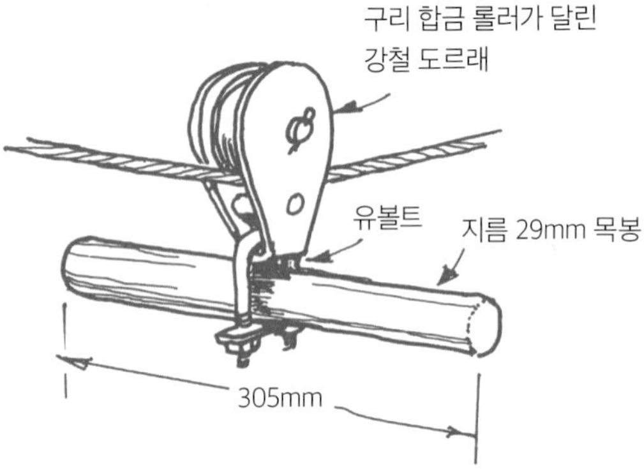

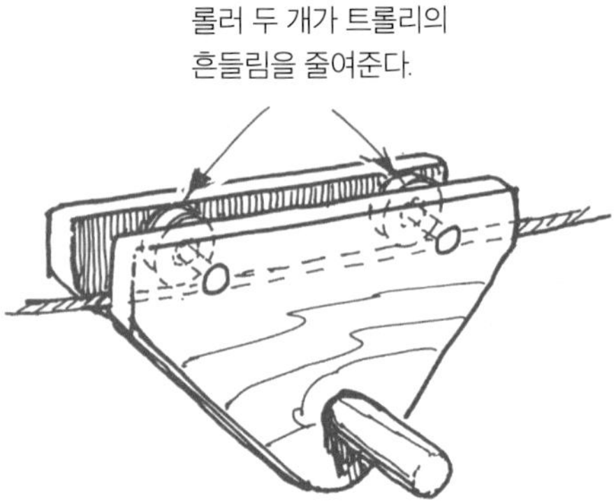

출발 지점보다 위에 케이블을 설치한다. 트롤리를 사용할 때 끝에서 살짝 올라가는 것처럼 되게 케이블을 늘어지게 만든다. 늘어진 케이블이 브레이크 역할을 하기 때문이다. 트롤리를 사용할 때 나무에 부딪히지 않게 나무줄기가 아닌 굵고 튼튼한 가지에 케이블을 연결해야 한다.

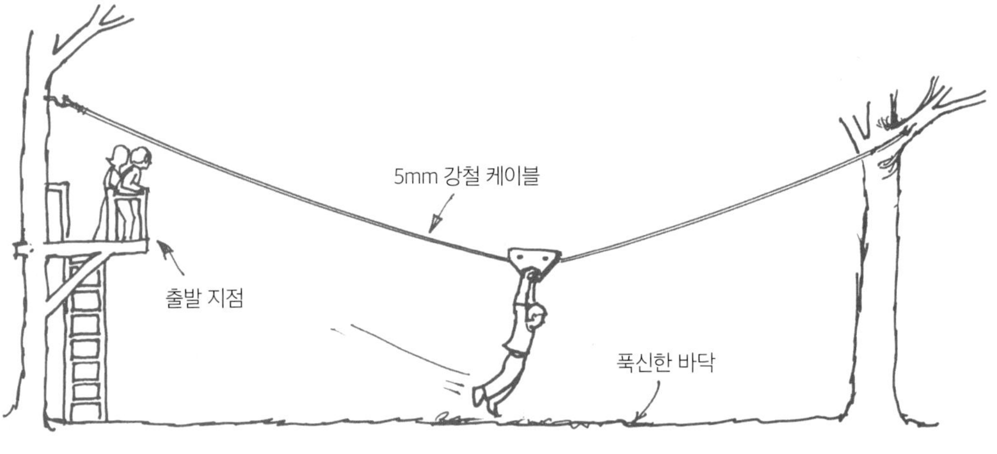

와이어 케이블 연결 방법

1단계
나무에 래그 나사 갈고리 못 지름보다 2mm 작게 파일럿 구멍을 뚫는다.

2단계
로킹 플라이어(바이스 그립)로 갈고리 못을 나무에 조인다.

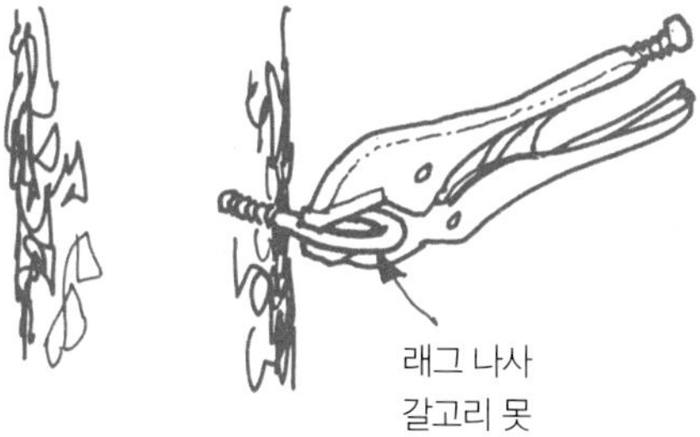

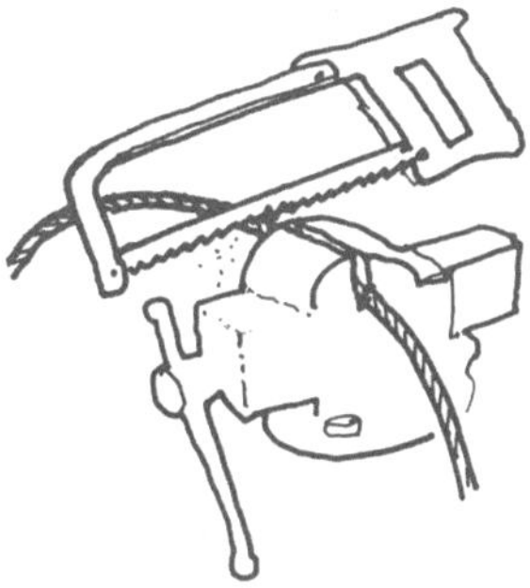

3단계
케이블 길이를 측정한 뒤 쇠톱으로 잘라낸다.

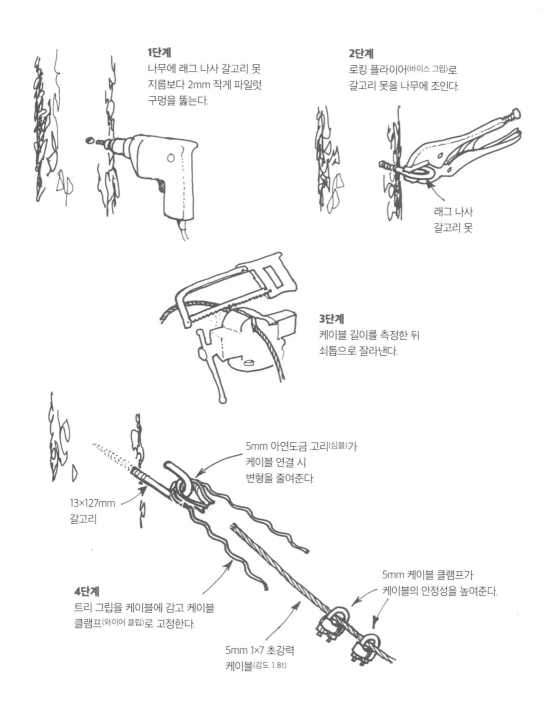

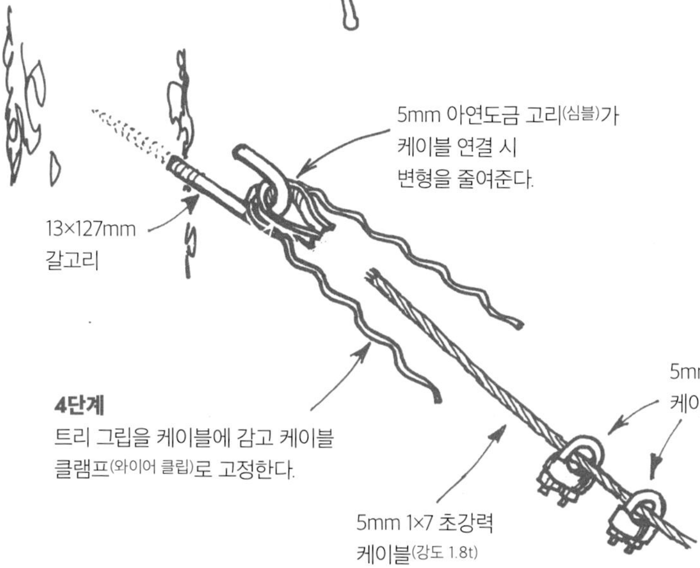

4단계
트리 그립을 케이블에 감고 케이블 클램프(와이어 클립)로 고정한다.

미끄럼틀

미끄럼틀은 타는 재미도 있으면서
비상시 트리 하우스에서
신속하게 빠져나갈 수 있게
도와주기도 한다. 표면이 매끄러워
쉽게 미끄러지는 외장용 합판인
두께 19mm 중밀도 오버레이(MDO) 합판으로
미끄럼틀을 만든다.

미끄럼틀을 28도 경사지게
만드는 것이 가장 좋다.

합판 가시가 손에 박히지 않게
낡은 정원용 고무호스를 가로로 길게 잘라서
미끄럼틀 양 측면 판 상단에 못으로 박아 고정한다.
더 안전하게 미끄럼틀을 타고 싶으면 미끄럼틀 판에
야외용 폴리우레탄을 여러 겹 덮어씌운다.

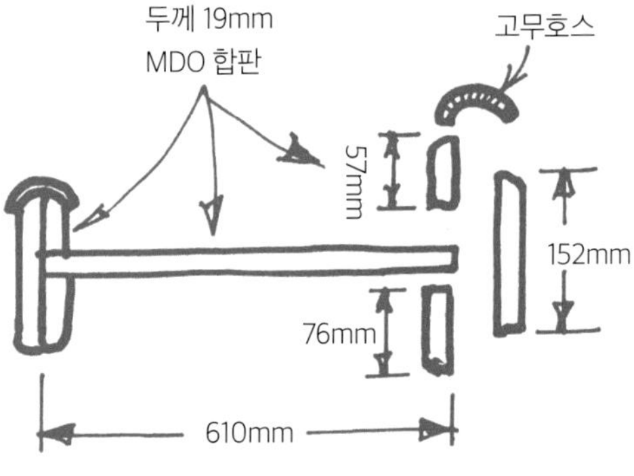

단면의 모습

깃발

깃대를 만들어 깃발을 달면 트리 하우스가 한결 그럴듯하게 보인다. 깃발은 아무 재료로도 만들 수 있지만 나일론이 가장 오래간다. 깃발을 디자인한 후에 유성 매직으로 칠한다.

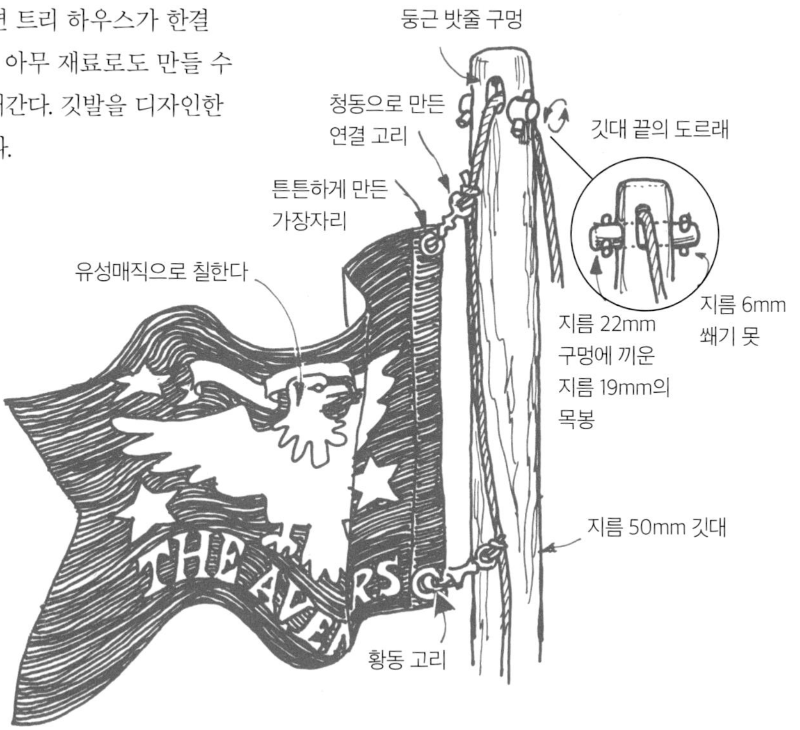

풍향기

바람 방향을 알려주는 풍향기도 트리 하우스의 외관을 돋보이게 할 수 있다. 지름 50mm 기둥 꼭대기에 깊이 76mm 지름 13mm 구멍을 뚫고 지름 13mm 목봉을 끼워 풍향기를 연결한다.

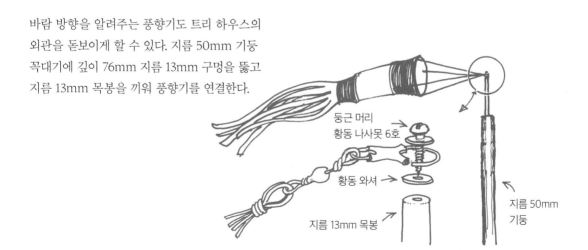

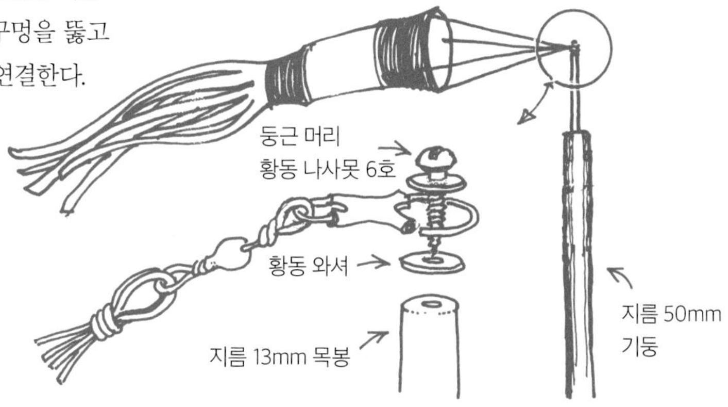

추가 팁

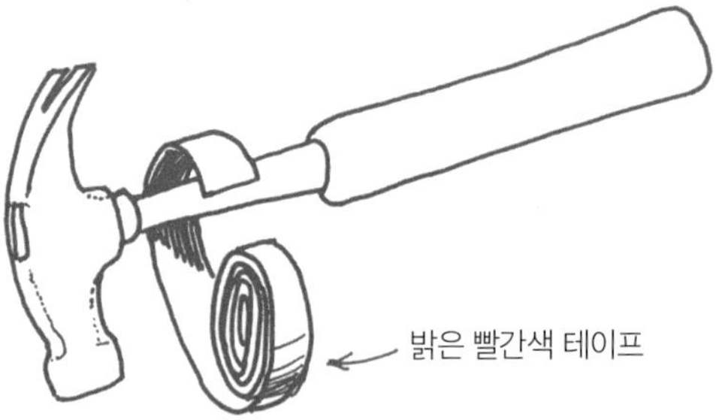

숲속에서 트리 하우스를 건축하다 보면 건축 공구를 잃어버리기 쉽다. 따라서 작업 전에 떨어진 잎과 나뭇가지를 치워 작업할 공간을 깨끗하게 정돈한다. 사용하는 연장 손잡이에 하얀색 스프레이를 뿌리거나 밝은 빨간색 테이프를 감아 놓으면 쉽게 눈에 띄기 때문에 분실을 방지할 수 있다.

트리 하우스에 붙잡을 만한 것이 있으면 트리 하우스에 손쉽게 오를 수 있다. 바닥에 홈을 파서 손잡이를 만들어 놓으면 편하게 트리 하우스로 올라갈 수 있다.

여름에 나방이나 곤충이 트리 하우스에 둥지를 틀지 못하게 미리 퇴치제를 뿌려 놓는다.

트리 하우스는 쉽게 더러워진다. 한쪽에 못을 박아 작은 빗자루를 걸어놓고 쓰레기통을 만들어 나뭇가지나 잎, 먼지 등을 쓸어 쓰레기통에 버린다.

트리 하우스는 못살게 구는 사람들이나 스컹크,
사나운 개, 징그러운 벌레를 피할 수 있는
안식처가 될 수 있다.

감수자가 덧붙이는 말

우리나라에도 트리 하우스를 소개하거나 건축 방법을 제시하는 책이 나오기 시작했습니다. 미국에서는 20여 년 전부터 트리 하우스가 하나의 운동으로 시작되었습니다. 저자는 그 때부터 트리 하우스에 대해 많은 연구를 했습니다. 나무 위에 집을 지으면서 겪을 수 있는 여러 문제를 정리하고 이를 해결할 방법을 고민했습니다. 기술 자료들을 수집하고 연구해 해결책을 찾았고 그것을 이 책에 담았습니다.
저자가 경험하고 활동한 곳이 미국이기 때문에 나무라는 자연적 소재와 집이라는 문화적 소재를 이질적으로 구분하지 않는 것 같습니다. 나무는 자연이지만 인간이 상대하고 누릴 수 있게 손 댈 수 있는 대상으로 여깁니다. 그래서 저자는 나무라는 자연 공간에 집이라는 인간의 문화 공간을 얹어 놓을 때 발생할 수 있는 문제들을 '해결할 수 있는' 기술적인 문제로 인식하는 것 같습니다. 그러기에 해결 방법을 찾아내면 망설이지 않고 과감하게 적용합니다.
저자는 건축과 목공에 대한 이해뿐 아니라 나무에 대한 깊은 이해를 갖고 있습니다. 트리 하우스를 짓는다는 것은 집과 나무가 결혼하듯이 일체가 되게 하는 일입니다. 저자가 신랑 신부인 집과 나무 모두를 깊이 이해하고 있다는 것을 책 곳곳에서 느낄 수 있습니다. 이런 이해가 트리 하우스를 짓는데 필요한 실제적 기술들을 찾아내게 한 원동력인 것 같습니다.
저자가 제시하는 트리 하우스가 요즘 만들어지는 것보다 소박하지만 덜 인공적이고 더 자연 친화적입니다. 이런 저자의 방식이 나무라는 자연에 집을 안기게 한다는 트리하우스의 본질에 더 가까울 것입니다.
이 책에서 제시하는 트리하우스 제작 기술들은 초보적인 수준이라 누구나 쉽게 접근할 수 있습니다. 초보자들이 따라서 계획하고 실행하기 쉽게 설명되어 있고, 실행하면서 겪기 쉬운 문제에 대한 솔루션도 함께 제시되어 있는 친절한 책입니다.

정지인 | 트리하우스코리아 대표

감수를 맡은 정지인 대표는 전공한 조경 기술을 접목해 가족과 지인들이 살 집을 지어 보았다고 합니다. 그리고 세 자녀를 위해 트리 하우스를 짓는 모험도 했다고 합니다. 그 과정이 너무 신이 나서 트리 하우스에 대해 제대로 공부하게 되었고, 이제는 트리 하우스 짓기를 본업으로 삼게 되었다고 합니다.